Ciências da Terra

Módulo 1
Origem da matéria, do Sistema Solar e do planeta Terra

Organizadores: Rômulo Machado e Joel Barbujiani Sigolo

Prefácio: Umberto Giuseppe Cordani

1ª edição
São Paulo, 2019

Ciências da Terra
Módulo 1 – Origem da matéria, do Sistema Solar e do planeta Terra
© IBEP, 2019

Diretor superintendente	Jorge Yunes
Diretora editorial	Célia de Assis
Organizadores editores	Rômulo Machado e Joel Barbujiani Sigolo
Revisão	Denise Santos
Secretaria editorial e Produção gráfica	Elza Mizue Hata Fujihara
Assistente de secretaria editorial	Juliana Ribeiro Souza
Assistente de produção gráfica	Marcelo Ribeiro
Assistente de arte	Aline Benitez
Assistentes de iconografia	Victoria Lopes
Processos editoriais e tecnologia	Elza Mizue Hata Fujihara
Projeto gráfico	M10
Capa	Departamento de Arte Ibep
Diagramação	M10

CIP-BRASIL. CATALOGAÇÃO NA PUBLICAÇÃO
SINDICATO NACIONAL DOS EDITORES DE LIVROS, RJ

C511

Ciências da terra : módulo 1 : origem da matéria, do sistema solar e do planeta terra / organização Rômulo Machado, Joel B. Sigolo ; prefácio Umberto Giuseppe Cordani ; autores Enos Picazzio ... [et al.] - 1. ed. - São Paulo : IBEP, 2019.
    104 p. : il. ; 24 cm.

  Inclui bibliografia
  ISBN 978-85-342-4216-5

  1. Geociências - Estudo e ensino (Superior). 2. Sistema solar - Origem. I. Machado, Rômulo. II. Sigolo, Joel B. III. Cordani, Umberto Giuseppe. IV. Picazzio, Enos.

19-60344   CDD: 523.2
                                        CDU: 523-52

Meri Gleice Rodrigues de Souza - Bibliotecária CRB-7/6439

25/09/2019   30/09/2019

1ª edição – São Paulo – 2019
Todos os direitos reservados.

Av. Alexandre Mackenzie, 619
Jaguaré – São Paulo – SP – 05322-000 – Brasil
Tel.: 11 2799-7799
www.ibep-nacional.com.br   editoras@ibep-nacional.com.br

Apresentação dos organizadores

As Ciências da Terra ganharam importância oficial a partir de 1972, em Estocolmo, Suécia, quando foi organizada a Conferência da Organização das Nações Unidas – ONU sobre Desenvolvimento Humano e Meio Ambiente, resultando daí a primeira Declaração Universal sobre o tema e o Programa para o Meio Ambiente do organismo. A partir de então, o ser humano começou a se preocupar oficialmente com o planeta Terra.

Em 1988, por iniciativa da ONU e da Organização Meteorológica Mundial, foi realizado o primeiro Painel Intergovernamental sobre Mudanças Climáticas – PIMC (ou IPCC, sigla em inglês de Intergovernmental Panel on Climate Change). Seguiram-se outros eventos sobre mudanças climáticas em 1992 e 2012 (Rio de Janeiro), 1997 (Kyoto), 2002 (Johanesburgo) e 2018 (Paris). Os relatórios desses eventos mostram a grande preocupação com as mudanças climáticas e suas consequências para o meio ambiente e para a saúde do ser humano e propõem meios para combater o aquecimento global, incluindo mudanças como a adoção de uma economia mais limpa, sustentável e com menor impacto ao meio ambiente.

As Ciências da Terra também ganharam destaque com a realização do Ano Internacional do Planeta Terra – AIPT em 2008, com início em 2007 e término em 2009. O AIPT foi idealizado durante o Congresso Internacional de Geologia do Rio de Janeiro, em 2000, e proclamado pela ONU em 2005. Recomendado por 23 cientistas de vários países, o programa do AIPT foi centrado em dois grandes focos: o científico e o de divulgação. O foco científico envolveu dez temas abrangentes de grande impacto social, incluindo água subterrânea, desastres naturais, clima, recursos naturais (minerais e energia), (mega)cidades, núcleo e crosta terrestres, oceanos, solos, Terra e saúde e Terra e vida.

Nesse contexto e considerando a ausência de um livro didático em Ciências da Terra no país com abrangência hoje requerida, os organizadores e editores desta obra tomaram para si o desafio de preencher essa grande lacuna e colocar à disposição dos estudantes de cursos introdutórios universitários um livro com uma concepção diferente daquela dos livros publicados até o momento e com uma linguagem que se aproxima daquela encontrada nos livros didáticos do Ensino Médio.

A obra, com 31 capítulos, será publicada em cinco módulos. O Módulo 1 – dividido em cinco capítulos – aborda a origem, a estrutura e a formação do Sistema Solar, terremotos e sismicidade no Brasil, composição, propriedades físicas, estrutura interna da Terra e Tectônica de Placas. O Módulo 2 – dividido em sete capítulos – contempla o estudo da origem, a classificação e a composição dos minerais, das rochas ígneas (vulcânicas e plutônicas), sedimentares e metamórficas, intemperismo e formação dos solos, estruturas geológicas, formas e processos. O Módulo 3 – dividido em sete capítulos – contempla o ciclo da água no planeta em seus diferentes estados, tipos de reservatórios (atmosfera, oceanos, lagos, geleiras, rios e água subterrânea), conflitos, disponibilidade, distribuição, poluição e gerenciamento, origem e evolução da atmosfera atual, células atmosféricas, influência nos fenômenos meteorológicos, mecanismos de transporte e produtos de deposição do vento. O Módulo 4 – dividido em seis capítulos – contempla o histórico e a evolução do conhecimento sobre a Terra e pesquisa geológica no Brasil, do pensamento e da geocronologia sobre a idade do planeta, a origem da vida no Pré-Cambriano e sua evolução no Fanerozoico, no Mesozoico e no Cenozoico. O Módulo 5 – dividido em seis capítulos – contempla os recursos naturais, energia, meio ambiente e o papel do homem no planeta, riscos e desastres naturais, geoconservação e as mudanças globais.

Um grande esforço dos organizadores foi no sentido de manter uma homogeneidade e o mesmo nível de abordagem dos capítulos e módulos que compõem toda obra. Os capítulos iniciam-se com os principais conceitos e finalizam com uma revisão dos mesmos e/ou com atividades que utilizam os conceitos desenvolvidos em cada capítulo. Incluem ainda um glossário com a definição dos termos mais relevantes e uma lista de referências bibliográficas.

Foram priorizadas as imagens (ilustrações e fotografias) de exemplos brasileiros e de países vizinhos (Argentina, Chile e Peru) e da África, incluindo algumas delas de países europeus. A equipe de autores e colaboradores é formada por professores e pesquisadores de várias universidades e instituições públicas brasileiras, como Universidade de São Paulo (USP), Instituto de Pesquisas Tecnológicas (IPT), Universidade Federal do Rio de Janeiro (UFRJ), Museu Nacional, Universidade Federal do Paraná (UFPR), Universidade Federal de Sergipe (UFS), Universidade Federal do Pará (UFPa), Universidade Federal de São Paulo (Unifesp), incluindo também profissionais liberais e autônomos.

Na expectativa de que o conteúdo desta obra venha despertar o interesse de estudantes – universitários e do Ensino Médio – e do público interessado em compreender a história geológica do planeta desde sua origem, há 4,56 bilhões de anos, passando por inúmeras transformações, incluindo a formação e o fechamento de oceanos, colisão de continentes (supercontinentes) até a formação de cadeias de montanhas. Esses supercontinentes se rompem e se fragmentam depois em continentes menores, seguindo ciclos que se repetiram várias vezes no passado geológico, sendo conhecido hoje como Ciclo de Wilson, cuja duração é de aproximadamente 200 a 300 milhões de anos. Essas transformações foram acompanhadas na superfície do planeta por mudanças climáticas, de circulação atmosférica, da calota polar, do tipo de intemperismo, das formas de relevo, da atividade vulcânica, bem como pelo surgimento da vida, nos oceanos e na terra.

Agradecemos ao Instituto de Geociências da Universidade de São Paulo pelo apoio nas diversas etapas de produção desta obra, bem como a vários funcionários e colegas dessa instituição, especialmente aqueles que se dispuseram a fazer a leitura crítica de vários de seus capítulos, como o prof. dr. Kenitiro Suguio, ao geólogo Roger Marcondes Abs, aos diversos autores dos capítulos e aos professores doutores Umberto Giuseppe Cordani (USP), Rudolph Johannes Trouw (UFRJ), Benjamin Bley de Brito Neves (USP) e José do Patrocínio Tomaz de Albuquerque (UFCG), o quais engrandeceram sobremaneira esta obra: o primeiro, prefaciando o Módulo 1; o segundo, o Módulo 2; e os dois últimos, o Módulo 3. Agradecemos também a equipe da M10-Editorial, que foi responsável pela diagramação e projeto gráfico dos capítulos, e a equipe da Instituto Brasileiro de Edições Pedagógicas (Ibep), coordenada pela diretora editorial Célia de Assis, pelo seu competente e incansável trabalho, desempenhado desde a etapa inicial até a etapa final, que culminou com a produção deste livro. Agradecemos ainda aos funcionários do Museu de Geociências da USP, por cederam exemplares de minerais para obtenção de fotos que ilustram o livro, e a fotógrafa Adriana Pereira Guivo, pela qualidade das imagens do capítulo de minerais.

Por fim, somos gratos a todos os colegas brasileiros e estrangeiros que disponibilizaram várias imagens que ilustram muitos capítulos desta obra, a saber: P. Andrade, A. V. L. Bittencourt, D. C. Coelho, A. P. Crósta, H. Conceição, C. L. M. Bourotte, G. Campanha, A. C. R. Campos, F. M. Canile, J. G. Franchi, M. G. M. Garcia, P. C. Giannini, F. Mancini, T. R. Karniol, R. Linsker, I. McReath, A. S. de Oliveira, B. V. Oskarsson, Y. Ota, F. Penalva, M. Roverato, E. Sorrine, S. T. Velasco, J. Zampelli, F. W. Cruz Jr., M. C. Ulbrich, J. R. Silva de Oliveira e A. E. Correia.

Rômulo Machado e Joel Barbujiani Sigolo

Prefácio

As Geociências são fundamentais na história das civilizações. Como ciências da natureza, sempre foram consideradas relevantes para os estudos relacionados ao planeta Terra, sua superfície sólida e seus envoltórios fluidos, sua atmosfera e seus oceanos. Aristóteles, Ptolomeu, Leonardo da Vinci, Galileu Galilei, *Sir* Isaac Newton e Charles Darwin que o digam. Hoje em dia elas continuam sendo fundamentais. No cenário da educação mundial, são extremamente relevantes, tanto pelo conhecimento que trazem a respeito do planeta e de seus recursos como pela sua visão sistêmica dos processos que envolvem a interação entre todas as esferas terrestres, incluindo a ação humana. Em muitas partes do mundo, as estruturas dos currículos de graduação e também do Ensino Médio estão permeadas de conteúdo geocientífico. Entretanto, infelizmente, isso não ocorre no Brasil. Na maioria dos programas do ensino brasileiro, o conteúdo geocientífico se apresenta na forma de fragmentos, associado, por exemplo, aos conteúdos disciplinares de Biologia, quando utilizam fósseis para explicar a evolução biológica, ou aos conteúdos disciplinares de Física, quando utilizam o campo magnético da Terra para ensinar magnetismo. Isso faz com que a percepção dos alunos com relação às Ciências da Terra seja limitada e toda a evolução dinâmica relacionada com a existência de atmosfera, hidrosfera, litosfera, dinâmica da superfície, vulcanismo, terremotos, entre muitos outros assuntos, permaneça desconhecida.

O papel dos geocientistas e profissionais das Geociências é absolutamente fundamental para a sustentabilidade do planeta, ao buscar e gerenciar recursos minerais, energéticos e hídricos; monitorar as mudanças climáticas e o aquecimento global; zelar pela conservação dos solos agrícolas; e evitar ou mitigar os efeitos de desastres naturais. Esses temas, que podem e devem ser abordados em sala de aula, fazem parte da cultura popular em diversas partes do mundo. Como por aqui as Geociências praticamente não entram na formação dos estudantes, eles são, portanto, impedidos de conhecer as características do Sistema Terra, seus minerais e rochas, seus fósseis, suas águas superficiais, seus oceanos, sua atmosfera, bem como os processos que atuam na superfície e no interior do planeta. O resultado é um cenário desolador de um quase "analfabetismo geocientífico", com conteúdos fragmentados e dispersos em diferentes disciplinas.

O conhecimento de tópicos de Ciências da Terra, como os que foram apontados acima, é especialmente relevante para integrar a cultura popular e o exercício da cidadania, por exemplo, na possibilidade de análise crítica de fenômenos da natureza descritos na mídia cotidiana. A meu ver, apenas a partir do conhecimento de como funciona o planeta Terra pode-se formar um cidadão capaz de usar os recursos do planeta de forma sustentável. Daí a importância da existência de obras completas e coerentes ao caracterizar as Ciências da Terra, tal como a que está sendo apresentada.

A obra *Ciências da Terra*, organizada por Rômulo Machado e Joel B. Sigolo, está constituída por cinco módulos autônomos, que se completam em um conjunto harmônico de matérias de Geociências, as quais vêm para preencher uma lacuna no conhecimento geocientífico nacional, ao introduzir conhecimentos básicos do tema de forma simples e direta. Para comentar a respeito do primeiro módulo da obra, que considero de grande relevância para o ensino de Geociências no Brasil, sinto-me ao mesmo tempo honrado e ciente da grande responsabilidade de transmitir sua essência a seus futuros leitores. Os organizadores fornecem um produto de qualidade, destinado especialmente aos professores brasileiros responsáveis por disciplinas do 3º ciclo, que ministram conhecimentos pelo menos básicos de Geociências. Essas disciplinas se denominam normalmente "Geologia Geral" e compõem currículos de bacharelados de Química, Biologia, Geografia, Engenharia Civil, Engenharia Metalúrgica, entre outras. Ao mesmo tempo, a obra pode integrar, como material paradidático, as bibliotecas de muitas instituições de Ensino Fundamental e Médio e, a meu ver, também poderia ser importante para atualização ou para suprir lacunas na formação de professores licenciados para educação básica.

O Módulo 1, que tenho a missão de prefaciar, trata da Origem da matéria, do Sistema Solar e do planeta Terra. Esse módulo parte da formação dos elementos químicos no Universo, passa pelas estrelas e pelo Sistema Solar e chega ao nosso planeta, buscando caracterizar sua estrutura interna, bem como sua dinâmica planetária tal como ela se expressa na Tectônica de Placas.

O conteúdo do Módulo 1 foi confiado a cinco professores, todos da Universidade de São Paulo (USP). Rômulo Machado, Ian McReath e Maria da Glória Motta pertencem ao Instituto de Geociências, e Enos Picazzio e Marcelo Assumpção, ao Instituto de Astronomia,

Geofísica e Ciências Atmosféricas (IAG). Esses autores são especialistas de longa data e referências internacionais para os respectivos assuntos. O texto está dividido em cinco capítulos. O primeiro e o segundo se referem a temáticas que mais pertencem à Astronomia e à Astrofísica, sobre a formação dos elementos químicos e da situação do nosso planeta no Sistema Solar. O terceiro e o quarto capítulos tratam da Terra Sólida, visitando seu interior, sua estrutura interna e suas propriedades físicas. Finalmente, o quinto capítulo se reporta à Tectônica de Placas, a revolução científica que ocorreu em meados do século XX para as Ciências da Terra, para explicar como funciona a dinâmica interna do nosso planeta.

Esses capítulos estão redigidos em estilo claro e objetivo, o *layout* é agradável e dinâmico e o conteúdo foi elaborado com a necessária qualidade e seriedade científicas. Há muitas ilustrações cuidadosamente desenhadas para conforto dos leitores e sempre que possível são relacionadas com o Brasil ou com a América do Sul. Além disso, os autores tiveram o cuidado de destacar os assuntos principais por meio da indicação dos conceitos fundamentais no início e no fim de cada capítulo. Finalmente, incluíram no final um glossário com as definições resumidas de muitas denominações específicas empregadas no texto.

Poucos são os livros nacionais que tratam de Ciências da Terra de maneira completa e apresentam uma linguagem amigável e ao mesmo tempo um conteúdo qualificado. Não tenho dúvidas em dizer que esta obra é muito importante, especialmente para aqueles para os quais ela foi concebida: professores sem formação direta em geologia, mas que tenham de ministrar conhecimentos pelo menos rudimentares de Geociências, em disciplinas ditas "de serviço" que existem em diversos cursos superiores nas universidades brasileiras. Certamente, poderá ser útil para pesquisadores de assuntos relacionados, como astrônomos, biólogos, químicos, físicos, engenheiros etc., e, obviamente, para estudantes de bacharelados correspondentes – e mesmo para estudantes do Ensino Médio –, esperando que seus ambientes escolares possam dispor desta obra, como paradidática, em suas bibliotecas. Finalmente, a meu ver, poderá ter grande importância para ajudar ao que já me referi anteriormente, ou seja, na disseminação de conhecimento de tópicos de Ciências da Terra, especialmente relevante para integrar a cultura popular e o exercício da cidadania.

Umberto Giuseppe Cordani
Professor Emérito da USP

Origem da matéria, do Sistema Solar e do planeta Terra

Messier 74, também chamada NGC 628, é um belíssimo exemplo de uma grande galáxia em forma de espiral que pode ser observada da Terra. Ela fica a cerca de 32 milhões de anos-luz de distância na direção da constelação de Peixes.

Organizadores: Rômulo Machado e Joel Barbujiani Sigolo

Rômulo Machado
Geólogo pela UFRRJ (1973). Mestrado (1977), doutorado (1984), livre-docente (1997) e professor titular pela USP (2010). Pós-doutorado (1988-1989) pela Universidade de Paris-IV, França. Foi professor visitante da Escola de Minas de Paris (1990), com estágios de curta duração na Universidade de Rennes II (1995) e Escola de Minas de Saint-Etienne (1997), França. Foi professor da UFRRJ (1974-1979). Professor do Instituto de Geociências da USP desde 1979. Foi presidente da Sociedade Brasileira de Geologia (2003-2005 e 2006-2007). Bolsista de Produtividade em Pesquisa do CNPq.

Joel Barbujiani Sigolo
Geólogo (1973) pela Universidade Federal Rural do Rio de Janeiro (UFRRJ). Mestrado (1979), doutorado (1988), livre-docente (1998) e professor titular (2005) pela USP. Foi professor da UFRRJ (1974-1981). Professor do Instituto de Geociências da USP desde 1981. Programa de preparação de doutorado no Laboratório da ORSTOM em Bondy (1995) e pós-doutorado no Laboratoire de Géocience de l'enviroment de l'Université de Aix Marseille III-CEREGE, Aix en Provence (1996-1998), França. Foi diretor financeiro da Sociedade Brasileira de Geologia (2003-2013). Bolsista de Produtividade em Pesquisa do CNPq.

Autores

Enos Picazzio
Físico (bacharel e licenciado) pela Universidade Mackenzie (1972). Mestrado (1977) e doutorado (1991) em Astronomia pelo Instituto de Astronomia, Geofísica e Ciências Atmosféricas (IAG) da Universidade de São Paulo (USP). Pós-doutorado pelo Observatório de Paris-Meudon (1994), França. Professor da USP desde 1973.

Ian McReath
Químico pela Universidade de Oxford (1963), doutorado em Ciências da Terra pela Universidade de Leeds (1972) e livre-docente pela USP (2000). Foi professor visitante da Universidade Federal do Rio Grande do Norte (UFRN) (1972-1982) e da Universidade Federal da Bahia (UFBA) (1982-1990) pelo Conselho Britânico. Professor do Instituto de Geociências da USP desde 1992. Aposentou-se em 2010.

Marcelo Sousa de Assumpção
Físico pela USP (1973). Doutorado em Geofísica pela Universidade de Edimburgo (1978), Escócia. Livre-docente (1990) e professor titular (2001) pela USP. Pós-doutorado pela Universidade da Columbia (1984-1985) e pelo Lamont-Doherty Earth Observatory (1992), EUA. Professor do Instituto de Astronomia e Geofísica e Ciências Atmosférica (IAG) da USP desde 1988. Membro titular da Academia Brasileira de Ciências desde 2005. Bolsista de Produtividade em Pesquisa do CNPq.

Maria da Glória Motta Garcia
Geóloga pela UFRRJ (1991). Mestrado (1996), doutorado (2001), livre-docente (2017) e pós-doutorado (2001-2002) pela Universidade de São Paulo e pós-doutorado (2017) pela Universidade do Minho, Portugal. Foi professora da Universidade Federal do Ceará (UFC) (2002-2005). Professora do Instituto de Geociências da USP desde 2005. Coordenadora do Núcleo de Apoio à Pesquisa em Patrimônio Geológico e Geoturismo (GeoHereditas) do IGc-USP e vice-coordenadora da Associação Brasileira de Proteção ao Patrimônio Geológico e Mineiro (AGeoBR).

Sumário

1 O UNIVERSO E A FORMAÇÃO DOS ELEMENTOS QUÍMICOS
ENOS PICAZZIO

Principais conceitos 14
Introdução 15
A origem do Universo 15
As galáxias e a estrutura
em grande escala do Universo 17
Estrelas: usinas de energia e elementos químicos 18
O surgimento de sistemas planetários 23
Revisão de conceitos 24
Glossário 24
Referências bibliográficas 25

2 FORMAÇÃO E ESTRUTURA DO SISTEMA SOLAR
ENOS PICAZZIO E IAN MCREATH

Principais conceitos 26
Introdução 27
A Terra no Universo: uma breve história 27
O Sistema Solar: estrutura e distribuição de massa 28
As estruturas dos planetas rochosos (ou terrestres) 29
Características físicas dos planetas gasosos e seus satélites 30
Corpos menores: planeta-anão, asteroide e cometa 33
Nebulosa Solar 38
Revisão de conceitos 44
Glossário 45
Referências bibliográficas 45

3 TERREMOTOS E SISMICIDADE NO BRASIL
RÔMULO MACHADO E MARCELO ASSUMPÇÃO

Principais conceitos 46
Introdução 47
O que é um terremoto? 47
Ondas sísmicas 48
Escalas de medidas dos terremotos 50
Origem e distribuição dos terremotos 53
Sismicidade do Brasil 54
Revisão de conceitos 58
Glossário 59
Referências bibliográficas 59

4 COMPOSIÇÃO E ESTRUTURA INTERNA DA TERRA
RÔMULO MACHADO

Principais conceitos 60
Introdução 61
Comportamento das ondas sísmicas 61
Variação lateral no manto superior 63
Propriedades físicas do interior da Terra 66
Revisão de conceitos 76
Glossário 76
Referências bibliográficas 77

5 TECTÔNICA DE PLACAS
MARIA DA GLÓRIA MOTTA GARCIA E RÔMULO MACHADO

Principais conceitos 79
Introdução 80
As grandes feições fisiográficas terrestres 80
A Teoria da Tectônica de Placas 87
Limites entre as placas 93
Períodos de aglutinação e
separação dos continentes 99
Revisão de conceitos 101
Glossário 102
Referências bibliográficas 103

CAPÍTULO 1
O Universo e a formação dos elementos químicos
Enos Picazzio

Principais conceitos

▶ A luz das galáxias indica que o Universo está em expansão e, em passado muito remoto, houve o início de tudo: espaço, tempo e energia. Assim surgiu o Universo.

▶ No instante inicial tudo estava concentrado em um volume infinitesimal (zero), com temperatura, densidade e energia infinitamente grandes. Esse cenário é chamado singularidade no espaço-tempo (na mecânica clássica, o espaço é tridimensional e o tempo, uma variável independente. Um corpo está em repouso quando suas coordenadas espaciais são invariáveis. Na Teoria da Relatividade Geral, espaço e tempo são indissociáveis). A singularidade espaço-tempo era tudo o que existia.

▶ A expansão repentina da singularidade **espaço-tempo**, conhecida como *Big Bang*, criou condições para que a matéria surgisse da energia.

▶ O Universo nascente passou por várias etapas até chegar às condições que vemos atualmente. Houve uma expansão brutal do espaço e a queda violenta de temperatura e densidade; da energia criou-se a matéria; prótons, nêutrons e elétrons surgiram e, com eles, se formaram os átomos dos elementos químicos.

▶ A composição química inicial do Universo era essencialmente hidrogênio, hélio e lítio, além de seus isótopos. As primeiras estrelas e galáxias se formaram a partir dessa matéria.

▶ Desde então, as estrelas vêm modificando a composição química do Universo por meio da síntese de elementos químicos complexos, a partir dos elementos químicos mais simples. Nesse processo, as estrelas geram a energia que as faz brilhar.

▶ Com a morte das estrelas, o gás enriquecido de elementos químicos mais pesados foi lançado ao espaço e se juntou aos restos de estrelas desaparecidas, formando novas gerações de corpos celestes. O Sol pode ser uma estrela de terceira ou quarta geração e, graças a isso, a composição química do Sistema Solar é rica e adequada para dar origem à vida.

▶ A aglomeração de estrelas, remanescentes de estrelas, gás e poeira interestelares (que ocupam o espaço entre as estrelas), e a matéria escura (que só apresenta efeitos gravitacionais, não emite luz) formam estruturas gigantescas conhecidas como galáxias.

▶ As galáxias são classificadas por tipos, de acordo com a forma, o tamanho e a luminosidade. A Via Láctea é do tipo espiral barrada. As galáxias também se juntam em aglomerados e superaglomerados, formando a estrutura em grande escala do Universo.

▶ Os sistemas planetários surgem com o nascimento das estrelas. Teoricamente, a vida pode eclodir em planetas ou outros corpos por um processo ainda obscuro. No entanto, ainda não foi encontrada vida fora da Terra.

▶ Os planetas surgem com as estrelas e a vida surge da matéria processada nelas, por um processo ainda obscuro.

▲ Imagem do espaço profundo obtida pelo telescópio Hubble. O ponto muito brilhante quase no centro da imagem é uma estrela relativamente próxima. Outros objetos incluem várias galáxias: as mais próximas são aparentemente maiores, com cores amareladas, avermelhadas e brancas; e as mais distantes, mais azuladas. Uma vez que a velocidade da luz é finita, esses objetos são vistos hoje como eram há muito tempo.

Introdução

Ao examinar-se o céu a olho nu, de uma região sem influência da luminosidade e da poluição das grandes cidades, é possível ver a Lua, os cinco planetas mais brilhantes (Mercúrio, Vênus, Marte, Júpiter e Saturno) e, com muita sorte, um cometa. O fundo desse cenário é um mosaico de inúmeras estrelas. Todo o conjunto, incluindo o Sol, move-se diariamente do Leste para o Oeste.

Todos os objetos têm movimento próprio, mas as distâncias elevadas que nos separam deles nos impedem de percebê-los. O movimento mais óbvio é o da Lua que, a cada dia, nasce com atraso de quase 1 hora. Observações diárias e sucessivas mostram que os planetas também se movem contra o fundo estrelado. Por conta disso, os gregos os chamavam de *planétes*, que significa "errantes". Em suas trajetórias, eles apresentam inversão no sentido de movimento. Os antigos denominavam essa inversão de "laçada", difícil de ser explicada pelo modelo geocêntrico. Esse movimento diferenciado foi explicado com muita simplicidade pelo heliocentrismo, sem o uso de artifícios do geocentrismo, como deferente, epiciclo e equante.

Essas duas concepções refletiam um modelo de Universo centrado na Terra (geocentrismo) ou no Sol (heliocentrismo). O centro era um local privilegiado, justificado pela observação e por questões culturais e religiosas. Tycho Brahe (1546-1601), o maior astrônomo observacional da época pré-telescópica, forneceu as primeiras evidências de imperfeição do Universo geocêntrico e imutável de Aristóteles (384--322 a.C.), estimando as distâncias de uma supernova (em 1572) e de um cometa (em 1577) como supralunares, isto é, bem adiante da Lua.

A percepção mais realista de Universo, imenso e repleto de galáxias feitas de estrelas, ampliou-se gradativamente com o refinamento das medidas de paralaxes e distâncias. Galileu Galilei (1564-1642) tentou medir a paralaxe com suas lunetas, mas fracassou, porque a qualidade óptica era ruim e a resolução espacial dos instrumentos era muito limitada. As primeiras medidas de paralaxe surgiram a partir de 1838, por intermédio dos astrônomos Friedrich W. Bessel (1784-1846), Otto Struve (1897-1963) e Thomas J. A. Henderson (1798-1844).

As medidas de paralaxe fornecem as distâncias dos objetos, e o movimento próprio nos revela como esses objetos se movem no espaço. Com as estimativas de distância e movimento próprio, estruturamos o cosmo em espaço e movimento. As primeiras medidas foram para a Via Láctea. Em seguida, as demais galáxias foram identificadas e suas distâncias, determinadas. O desenvolvimento tecnológico tem nos permitido ampliar o horizonte observável, atingindo distâncias maiores e descobrindo objetos de brilho cada vez mais tênue. Assim foi construída a visão científica moderna de Universo e evidenciada a constatação de que ele teve um início e está evoluindo para um estado ainda desconhecido.

A origem do Universo

A possibilidade de o Universo estar se expandindo foi prevista pela *Teoria da Relatividade Geral*, de Albert Einstein (1879-1955). Na época de sua publicação não se tinha evidência da expansão, por isso Einstein introduziu um parâmetro, a constante cosmológica, para descrever o Universo infinito e estático, como era aceito. Atualmente, a constante cosmológica permanece, porém com significado diferente do original – ela possui o mesmo efeito de uma densidade de energia intrínseca do vácuo.

Em 1912, Vesto Melvin Slipher (1875-1969) descobriu que as linhas espectrais da galáxia Andrômeda estavam deslocadas em direção à região azul do espectro (efeito conhecido como *blueshift*), indicando que essa galáxia estava se movimentando na direção do Sol. Em um trabalho sistemático de duas décadas, Slipher demonstrou que a maioria das 41 galáxias que ele estudou apresentava deslocamento espectral na direção oposta, isto é, para o vermelho (*redshift*), indicando que essas galáxias estavam se afastando do Sol.

As implicações desse trabalho de Slipher ficaram evidentes na década de 1920, quando Edwin Hubble (1889-1953) e Milton L. Humason (1891--1972) conseguiram estimar distâncias de galáxias e fotografar seus espectros. Associando as distâncias com os deslocamentos espectrais para o vermelho, eles verificaram que as galáxias mais distantes se afastavam com velocidades maiores. Com essa relação, Hubble mostrou que o Universo não só estava em expansão, mas ele também teve um início. Atualmente, sabemos que esse início ocorreu há aproximadamente 13,7 bilhões de anos.

No instante inicial, tudo estava concentrado em um volume infinitamente pequeno, com temperatura, densidade e energia infinitamente grandes. Esse cenário é chamado singularidade. Nada existia fora desse volume. Espaço, tempo e matéria surgiram com a expansão súbita desse volume. Essa expansão ficou conhecida por *Big Bang* (Grande Explosão). Esse termo foi cunhado por Fred Hoyle (1915-2001), defensor da Teoria do Estado Estacionário, segundo a qual o Universo é eterno e, em grande escala, similar em todas as direções, com produção contínua de matéria para contrabalançar a expansão observada e manter a densidade média constante.

Nos momentos iniciais após o *Big Bang*, a temperatura era elevada demais para a matéria ser estável. Tudo era radiação. Ainda nos instantes iniciais teria ocorrido uma expansão súbita e acelerada que tornaria o Universo isotrópico e homogêneo, conhecida por fase inflacionária. Porém, dados recentes do telescópio espacial Planck, da Agência Espacial Europeia (ESA), mostram que o Universo não é o mesmo em todas as direções em uma escala maior do que a que podemos observar. Pode ter havido um percurso evolutivo mais complexo do que anteriormente se pensava.

Aos três minutos, a temperatura baixou para 1 bilhão K, atingiu 3000 K quando o Universo completava 380 000 anos e está atualmente próxima de 2,7 K.

Com a queda da temperatura e da densidade de energia, as condições favoreceram a formação da matéria, em um processo denominado nucleogênese ou nucleossíntese primordial. Surgiram então prótons, elétrons e nêutrons e, com eles, os átomos dos elementos químicos mais simples: ^{1}H, ^{2}H (1 próton + 1 nêutron), ^{3}H (1 próton + 2 nêutrons), ^{3}He (2 prótons + 1 nêutron), ^{4}He, ^{7}Be e ^{7}Li. A expansão fez cair rapidamente a densidade e a temperatura do meio, impedindo que reações posteriores produzissem elementos mais pesados que o ^{7}Li. O Universo tinha então cerca de 1000 segundos de idade.

Entre 1 milhão e 1 bilhão de anos, formaram-se as estrelas, as galáxias e as grandes estruturas. A Via Láctea surgiu há aproximadamente 9,2 bilhões de anos e o Sistema Solar, há cerca de 4,6 bilhões de anos.

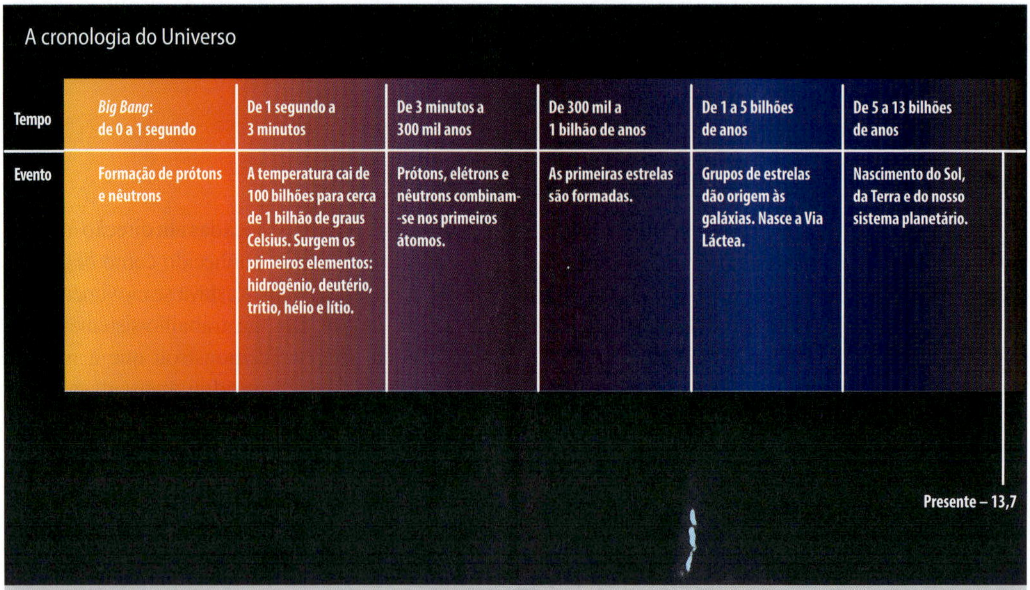

A cronologia do Universo

Tempo	Big Bang: de 0 a 1 segundo	De 1 segundo a 3 minutos	De 3 minutos a 300 mil anos	De 300 mil a 1 bilhão de anos	De 1 a 5 bilhões de anos	De 5 a 13 bilhões de anos
Evento	Formação de prótons e nêutrons	A temperatura cai de 100 bilhões para cerca de 1 bilhão de graus Celsius. Surgem os primeiros elementos: hidrogênio, deutério, trítio, hélio e lítio.	Prótons, elétrons e nêutrons combinam-se nos primeiros átomos.	As primeiras estrelas são formadas.	Grupos de estrelas dão origem às galáxias. Nasce a Via Láctea.	Nascimento do Sol, da Terra e do nosso sistema planetário.

Presente – 13,7

▲ **Figura 1.1** – A cronologia do Universo.

Tabela 1.1 – Abundância cósmica dos elementos químicos		
Grupo elementar de partículas	**Número de partículas no núcleo**	**Abundância em número (%)***
Hidrogênio	1	90
Hélio	4	9
Lítio	7 – 11	0,000001
Carbono	12 – 20	0,2
Silício	23 – 48	0,01
Ferro	50 – 62	0,01
Peso intermediário	63 – 100	0,00000001
Os mais pesados	Acima de 100	0,000000001

* O total não atinge 100% em razão das incertezas, sobretudo do hélio. Isótopos estão incluídos.

▲ Em massa, o Universo é constituído de aproximadamente 75% de H, 23% de He e 2% dos demais elementos químicos. Fonte: Chaisson e McMillan, 1999, p. 482.

Quadro 1.1 – Como medimos tamanhos e distâncias no Universo?

Para medições de tamanhos e distâncias, sempre escolhemos escalas (réguas) adequadas. É possível medir o raio da Terra e sua distância em relação ao Sol em milímetros, porém não é prático, porque os valores são grandes demais. Para objetos maiores e mais distantes, a situação pioraria ainda mais.

Abaixo estão definidas algumas escalas e, ao final, há uma explicação do uso.

Unidade Astronômica (UA): distância média (média porque a órbita terrestre não é uma circunferência) da Terra ao Sol. 1 UA = 149 597 871 km.

Ano-luz (AL): distância percorrida pela luz (viajando a velocidade de 299 792,458 km/s) durante um ano terrestre (31 556 926 segundos). 1 AL = 9,4605284 × 10^{12} km = 63 239,7263 UA.

Parsec (pc): distância para a qual a "paralaxe estelar" anual média é de um segundo de arco. Para tamanhos de cometas, asteroides, satélites, planetas e estrelas, usamos como escala o km. Para estrelas muito grandes, usamos como escala de tamanho a UA. Já para as galáxias, utiliza-se AL ou pc.

As escalas de distância utilizadas no Sistema Solar podem ser em km quando se trata de distâncias pequenas (exemplo: a distância média da Lua é 384 400 km), em raio planetário quando se trata de distâncias entre os satélites e seus planetas (exemplo: a distância de Io a Júpiter é 5,95 raios de Júpiter) ou em Unidade Astronômica.

Para distâncias de galáxias, as escalas mais utilizadas são ano-luz e parsec. Já as grandes distâncias são especificadas em parsec ou em seus múltiplos *kilo* (1000) ou *mega* (1 000 000).

As galáxias e a estrutura em grande escala do Universo

A Via Láctea, a galáxia em que estão os seres humanos, tem centenas de bilhões de estrelas, além de gás e poeira suficientes para fazer bilhões de outras estrelas. Na forma de matéria escura (percebida apenas pela sua influência gravitacional, já que essa matéria não interage com a luz), essa galáxia ainda tem pelo menos 10 vezes mais massa do que todas as estrelas e gases juntos.

Como tantas outras, ela tem forma de espiral barrada (SB), isto é, espiral com uma banda central de estrelas brilhantes, que se estende de um lado a outro da galáxia. No centro galáctico deve haver um buraco negro supermassivo, com cerca de 4 × 10^6 $M_\odot$ (massa solar). Esse buraco negro é o responsável pelo movimento das estrelas próximas ao centro da espiral e pela enorme quantidade de energia liberada nessa região. O Sol encontra-se a 28 000 anos-luz do centro galáctico.

Existem ainda galáxias espirais sem barra (S), galáxias elípticas (E) e galáxias irregulares (Ir), algumas delas provenientes de colisão. A própria Via Láctea está em rota de colisão com sua vizinha, a galáxia de Andrômeda.

A maioria das galáxias espirais e elípticas tem entre 10^{11} e 10^{12} $M_\odot$. As galáxias irregulares são menos massivas e têm entre 10^8 e 10^{10} $M_\odot$. Galáxias anãs, elípticas e irregulares contêm cerca de 10^6 a 10^7 $M_\odot$.

De maneira geral, as galáxias são encontradas em grupos; alguns com várias centenas de galáxias. Esses grandes agrupamentos são denominados aglomerados. A Via Láctea é uma das 35 galáxias do Grupo Local de Galáxias. Este, por sua vez, faz parte do Superaglomerado de Virgem, que contém em torno de 100 grupos e aglomerados de galáxias.

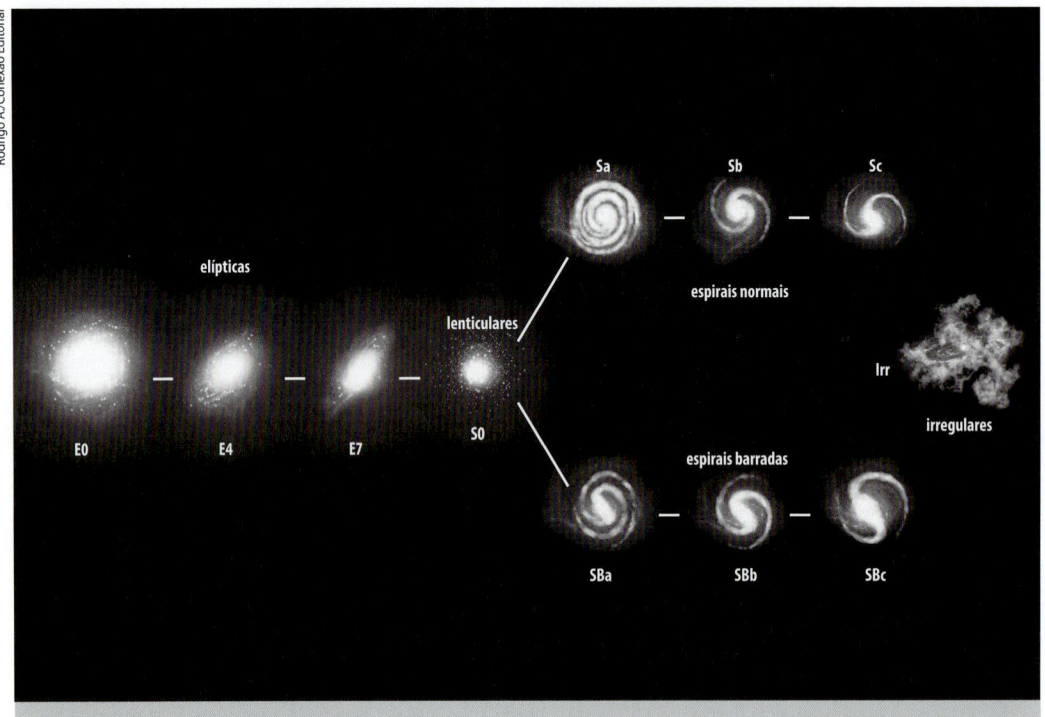

▲ **Figura 1.2** – Classificação morfológica de galáxias proposta por Edwin Hubble: elípticas (E0 a E7), espirais sem barra (Sa, Sb, Sc) e com barra (SBa, SBb, SBc) e irregulares (Ir).

Estrelas: usinas de energia e elementos químicos

Estrelas são corpos feitos de plasma, gás aquecido e magnetizado. As primeiras estrelas se formaram da matéria primordial. As estrelas posteriores se formaram de matéria reciclada de estrelas extintas, portanto com composição química ligeiramente diferente. Quanto mais jovem for a estrela, maior é o percentual de elementos químicos mais pesados em sua composição.

A produção dos elementos químicos, com a consequente liberação de energia, ocorre no interior das estrelas, nos processos de nucleossíntese estelar. Podemos subdividir esses processos em duas classes: a nucleossíntese quiescente, em que

reações nucleares ocorrem durante a vida da estrela; e a nucleossíntese explosiva, que ocorre nos estágios finais de vida de estrelas de grande massa ou em sistemas binários.

Os processos de nucleossíntese quiescente se processam enquanto a estrela está em equilíbrio hidrostático, ou seja, quando o peso das camadas superiores é equilibrado pela pressão do gás das camadas inferiores, onde ocorrem as reações nucleares. Estrelas como o Sol passam cerca de 10 bilhões de anos nessa fase produtiva, mantendo dimensões e temperatura superficial praticamente constantes.

O processo mais simples de nucleossíntese quiescente é a fusão do ^{1}H para a formação do ^{4}He. Esse processo pode envolver apenas prótons (cadeia p-p) ou ^{12}C, ^{14}N e ^{16}O (ciclo CNO), desde que a estrela já possua esses elementos. A cadeia p-p ocorre em estrelas de baixa massa, com temperaturas centrais da ordem de 10^7 K. Quatro prótons são fundidos e produzem um núcleo de ^{4}He, pósitrons, neutrinos e grande quantidade de energia.

Em estrelas mais massivas e de geração mais recente, a temperatura do núcleo pode superar 2×10^7 K. Nessas condições o ^{1}H se funde no ^{4}He por meio do ciclo CNO. ^{14}N e ^{16}O podem ser produzidos também nessa fase.

Na nucleossíntese quiescente, elementos químicos mais simples são fundidos em elementos químicos mais complexos. Assim, do hidrogênio obtém-se o hélio e, a partir deste em sucessivas reações, obtêm-se o berílio, o carbono, o oxigênio, o nitrogênio, o neônio, o magnésio, o argônio, o cálcio, o silício, o enxofre, o cálcio e outros até o ferro.

A cada segundo, o Sol transforma 600 milhões de toneladas de hidrogênio em 596 milhões de toneladas de hélio e converte 4 milhões de toneladas de matéria em energia. Essa fase produtiva dura cerca de 9 bilhões de anos, mas para uma estrela com 30 M_O esse período é de apenas 5 milhões de anos. Estrelas de grande massa vivem menos, porém atuam mais fortemente na evolução química do Universo.

Nas reações de fusão nuclear que produzem os elementos químicos até o ^{56}Fe, a massa do elemento químico sintetizado é ligeiramente menor que a soma das massas dos elementos fundidos. Essa diferença de massa é transformada em energia, logo são reações exotérmicas (produzem energia). Essa energia é liberada na superfície das estrelas na forma de calor e radiação eletromagnética.

Quando o ^{1}H se esgota no núcleo da estrela, ocorre um colapso dessa região por conta do peso das camadas superiores, o que provoca novo aquecimento, com temperatura que supera 10^8 K, e o ^{4}He é fundido em ^{12}C (3^4He → ^{12}C).

Nessa fase, as camadas externas da estrela expandem, resfriam por conta da expansão e transformam a estrela em uma gigante vermelha. Se a temperatura central for elevada, parte do ^{12}C pode ser convertida em ^{16}O. Estrelas isoladas com massas entre 1 M_O e 8 M_O não ultrapassam esse estágio de gigante e não conseguem sintetizar elementos químicos mais pesados. Acima do limite de 8 M_O aproximadamente, as temperaturas centrais podem superar 10^9 K, possibilitando a sintetização dos elementos mais pesados: ^{16}O, ^{20}Ne, ^{24}Mg, ^{28}Si, ^{32}S, ^{36}Ar, ^{40}Ca e alguns de seus isótopos.

Tabela 1.2 – A fabricação dos elementos químicos até o Fe		
Cadeia próton-próton	**Ciclo do carbono**	**Fusão do carbono**
ppI ^{1}H + ^{1}H → ^{2}H + e$^+$ + γ ^{2}H + ^{1}H → ^{3}He + γ ^{3}He + ^{3}He → ^{4}He + 2 ^{1}H	^{12}C + ^{1}H → ^{13}N + γ ^{13}N → ^{13}C + e$^+$ + ν$_e$ ^{13}C + ^{1}H → ^{14}N + γ ^{14}N + ^{1}H → ^{15}O + γ ^{15}O → ^{15}N + e$^+$ + ν$_e$ ^{15}N + ^{1}H → ^{12}C + ^{4}He	^{12}C + ^{12}C → ^{24}Mg + γ ^{12}C + ^{12}C → ^{23}Na + p ^{12}C + ^{12}C → ^{20}Ne + ^{4}He ^{12}C + ^{12}C → ^{23}Mg + n ^{12}C + ^{12}C → ^{16}Ne + 2 ^{4}He
ppII ^{3}He + ^{4}He → ^{7}Be + γ ^{7}Be + e$^-$ → ^{7}Li + ν$_e$ + γ ^{7}Li + ^{1}H → ^{4}He + ^{4}He	**Reação triplo-alfa** ^{4}He + ^{4}He ⟷ ^{8}Be ^{8}Be + ^{4}He → ^{12}C + γ	**Fusão do oxigênio** ^{16}O + ^{16}O → ^{32}S + γ ^{16}O + ^{16}O → ^{31}P + p ^{16}O + ^{16}O → ^{28}Si + ^{4}He ^{16}O + ^{16}O → ^{31}S + n ^{16}O + ^{16}O → ^{24}Mg + 2 ^{4}He
ppIII ^{3}He + ^{4}He → ^{7}Be + γ ^{7}Be + ^{1}H → ^{8}B + γ ^{8}B + ^{1}H → ^{8}Be + e$^+$ + ν$_e$ ^{8}Be → ^{4}He + ^{4}He	**Reação alfa** ^{12}C + ^{4}He → ^{16}O + γ ^{16}O + ^{4}He → ^{20}Ne + γ ^{20}Ne + ^{4}He → ^{24}Mg + γ	**Fusão do silício** ^{28}Si + ^{26}Si → ^{56}Ni + γ ^{56}Ni → ^{56}Fe + 2e$^+$ + 2 ν$_e$

▲ Reações principais da sintetização dos elementos químicos na nucleossíntese quiescente.

Estrelas parecidas com o Sol ou um pouco mais pesadas expelem suas camadas externas, formando nebulosas planetárias com aparências exóticas e cores variadas. Durante esse processo, a parte interna da estrela se contrai gradativamente para se transformar em uma anã branca, uma estrela pequena, quente, muito densa e de cor branca. Aos poucos ela esfria, muda de cor e escurece até se transformar em anã negra, praticamente invisível. Esse tipo de estrela nada tem a ver com anã marrom, que é um objeto subestelar, isto é, que não tem massa suficiente para fundir o hidrogênio.

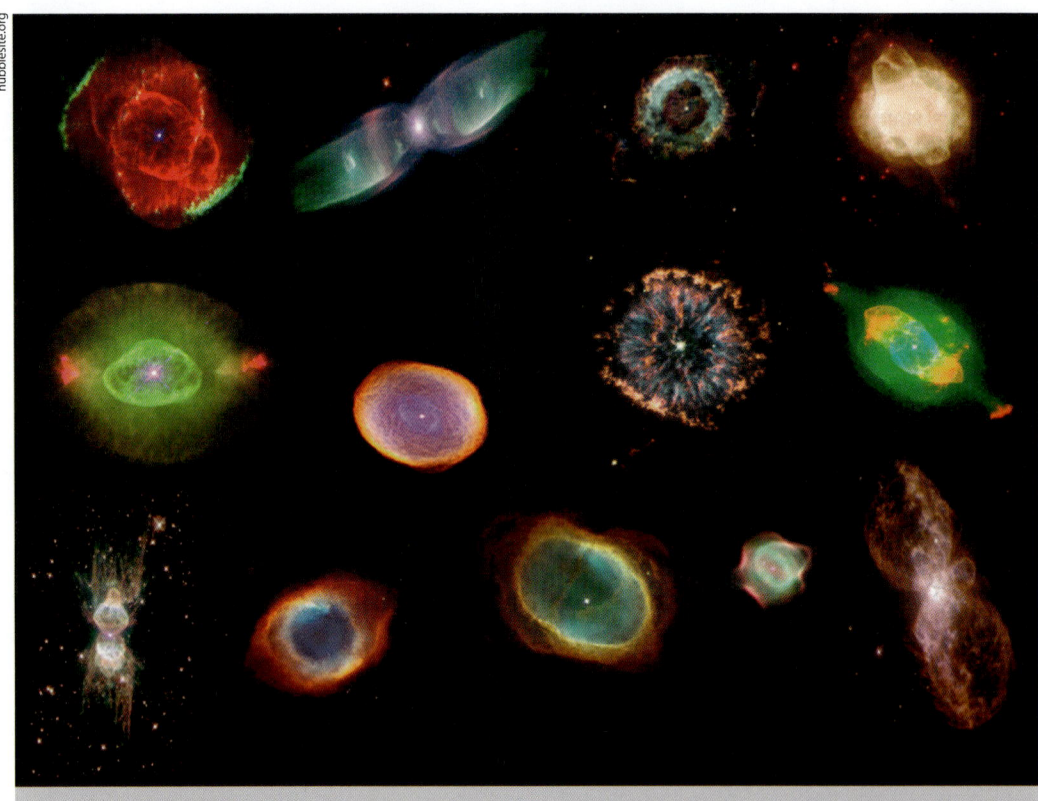

▲ **Figura 1.3** – Alguns exemplares de nebulosas planetárias produzidas por estrelas em final de vida.

Nas reações de fusão que produzem elementos químicos de massa maior que a do ^{56}Fe ocorre o contrário. O elemento químico sintetizado tem massa maior que a soma das massas dos elementos fundidos. Esse acréscimo de massa é produzido com energia retirada da estrela; portanto, essas reações são endotérmicas (consomem energia). Esse processo desestabiliza o interior da estrela e ela entra em colapso cataclísmico e explode, ejetando suas camadas externas. A energia gerada na explosão, entre 10^{42} e 10^{44} J, é suficientemente elevada para sintetizar todos os demais elementos químicos mais pesados que o ^{56}Fe. Parte dessa energia é convertida em luz e a estrela brilha muitíssimo mais que antes da explosão. Em apenas alguns dias seu brilho pode intensificar-se em 1 bilhão de vezes a partir de seu estado original, tornando a estrela tão brilhante quanto uma galáxia. Passadas algumas semanas ou meses, sua temperatura e brilho diminuem até chegarem a valores inferiores aos primeiros. Por serem facilmente vistas quando explodem, essas estrelas são chamadas supernovas.

Estrelas isoladas precisam ter massas entre 8 $M_\odot$ e 40 $M_\odot$ para sofrerem processo explosivo. Elas atingem o estágio de supernova tipo II. A matéria estelar expelida na explosão forma uma nebulosa, conhecida como restos de supernova. O objeto central que restou da estrela se contrai pela autogravitação e forma uma estrela de nêutrons. A densidade nessa estrela varia entre 10^9 g/cm³ (crosta) e 10^{17} g/cm³ (centro) e seu raio é algo em torno de 10 km. Ela gira muito rapidamente, emitindo ondas de rádio e de luz em feixe (algo parecido com o sinalizador de teto de ambulância). Essa estrela é conhecida como pulsar.

Em sistemas binários o processo pode ocorrer com estrelas menos massivas. Parte da massa de uma das estrelas é transferida para a companheira, geralmente uma estrela colapsada, causando sua explosão. Essas são as supernovas tipo I, que podem ser classificadas em Ia, Ib e Ic, de acordo com as características de seus espectros.

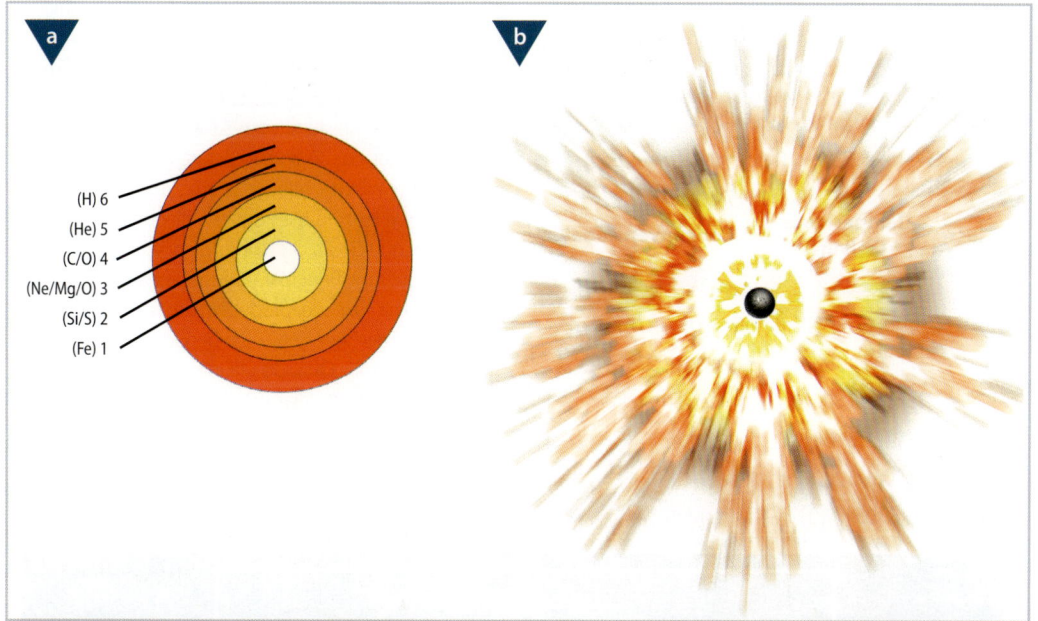

▲ **Figura 1.4** – Representação esquemática da estrutura de uma estrela de grande massa durante seus momentos evolutivos finais. (a) A fusão nuclear ocorre em camadas, conforme mostra o esquema. A fusão do hidrogênio (6) produz hélio. A fusão do hélio (5) produz carbono e oxigênio. A fusão de carbono e oxigênio (4) produz neônio, magnésio e oxigênio, e a fusão destes (3) produz silício e enxofre. Finalmente, a fusão de silício e enxofre (2) produz o ferro do núcleo (1). (b) Com a formação de ferro no núcleo, as reações nucleares são interrompidas, a estrela sofre colapso e explode em uma supernova. Enquanto as camadas mais externas são expulsas pela explosão, a porção central colapsa para formar uma estrela de nêutrons ou um buraco negro.

Massas muito acima de 40 $M_☉$ induzem à formação de buracos negros, uma região do espaço da qual nada pode escapar, nem mesmo a luz.

Podemos resumir o destino de uma estrela considerando a massa como parâmetro determinante. Objetos em formação (protoestrelas) com massa inferior a 0,08 $M_☉$ não evoluem para estrela, porque seu núcleo não atingirá as condições necessárias para a fusão do hidrogênio. Esses objetos nascem e perecem como anãs marrons, com temperatura superficial máxima de cerca de 3 400 K.

Estrela com massa superior a 0,08 $M_☉$, porém com até algumas massas solares, evolui para gigante vermelha e produz nebulosa planetária. O objeto que restou da estrela (com 0,6 $M_☉$ a 1,4 $M_☉$) evolui para anã branca, com temperatura típica de 10 000 K.

Estrela com massa superior a 8 $M_☉$ evolui para a fase de supergigante vermelha e supernova e produz restos de supernova. O objeto que restou da estrela (com 1,4 $M_☉$ a 3 $M_☉$) transforma-se em estrela de nêutrons e vira um pulsar. A temperatura média desse tipo de estrela é 50 000 K.

Estrela com massa muito superior a 10 $M_☉$ evolui para supergigante vermelha ou azul, explode como supernova e expele grande quantidade de material. O objeto que restou de seu núcleo, com massa superior a 3 $M_☉$, transforma-se em buraco negro.

Quadro 1.2 – Classificação espectral e diagrama HR

As estrelas podem ser classificadas em função do aspecto de seus espectros. Estrelas quentes apresentam espectros com linhas de emissão típicas de gases aquecidos e ionizados. Já as estrelas frias apresentam espectros com linhas de átomos neutros e bandas moleculares. As cores também são definidas pelas temperaturas das fotosferas (superfícies). Cada classe espectral é subdividida em 9 níveis (de 0 a 9). Uma estrela O9, por exemplo, tem espectro mais parecido com uma estrela B0 do que com uma O0.

Classe	Temperatura (kelvins)	Cor convencional
O	≥ 33 000 K	azul
B	10 000 - 30 000 K	azul e branco azulado
A	7 500 - 10 000 K	branco
F	6 000 - 7 500 K	branco amarelado
G	5 200 - 6 000 K	amarelo
K	3 700 - 5 200 K	laranja
M	≥ 3 700 K	vermelho

No início do século XX, em pesquisas independentes, os astrônomos Ejnar Hertzsprung e Henry Norris Russell estabeleceram uma relação entre a classe espectral das estrelas e sua luminosidade. A classe do espectro depende da temperatura de superfície da estrela, que é responsável também pela sua cor. A luminosidade pode ser estimada por meio do fluxo de energia medido e da distância da estrela. No canto superior esquerdo situam-se as estrelas grandes, quentes a azuladas. O oposto ocorre no canto inferior direito, com estrelas pequenas, frias a avermelhadas. Na barra que cruza o diagrama na diagonal, do canto superior esquerdo ao canto inferior direito, conhecida como Sequência Principal (SP), situam-se as estrelas que estão na fase de produção de energia apenas com a fusão do hidrogênio. É o período mais longevo da vida da estrela. Quando ela inicia a fusão do hélio, abandona a SP e se dirige à região das gigantes ou supergigantes. Ao passar pela fase de produção de nebulosa planetária, seu núcleo transforma-se em anã branca e ocupa a região correspondente do diagrama HR, até se esfriar como anã negra.

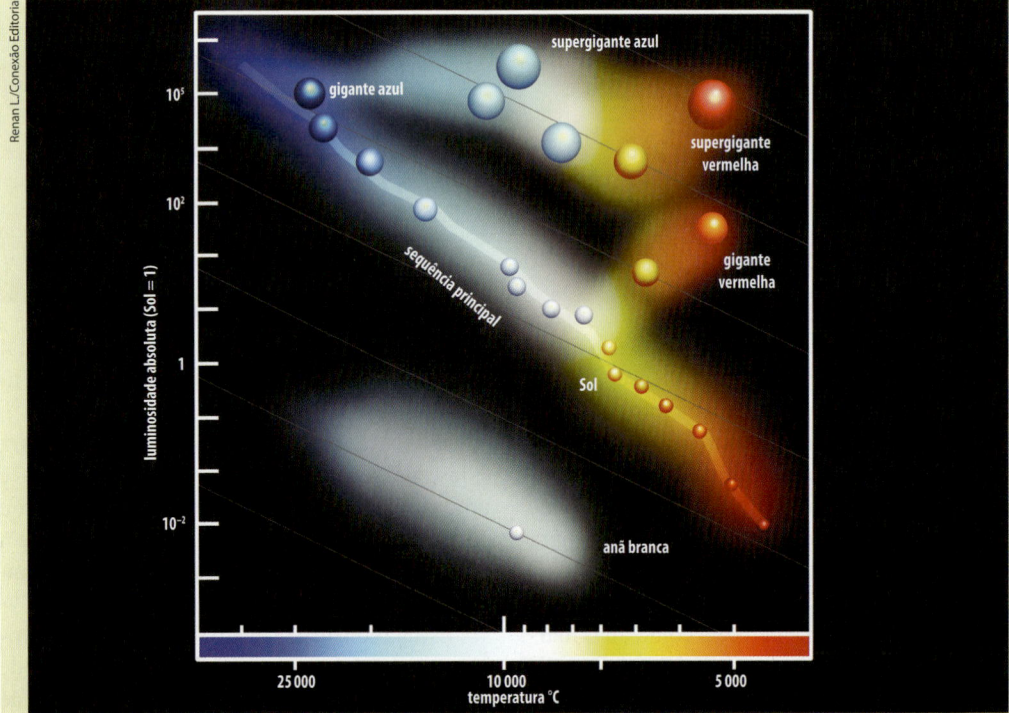

▲ **Figura 1.5** – Diagrama HR (Hertzsprung-Russell) de luminosidade absoluta e classes de cor ou temperatura das estrelas.

O surgimento de sistemas planetários

A possibilidade de existência de planetas, inclusive abrigando alguma espécie de vida e girando em torno de outras estrelas, tem sido questionada há séculos. Na história mais recente, em meados do século XVIII, o filósofo alemão Immanuel Kant (1724-1804) considerava provável que alguns daqueles objetos difusos, na época identificados por "nebulosas", como Andrômeda, seriam grandes concentrações de estrelas. Ele as via como outros universos e as denominou "universos-ilhas".

Porém, somente após a década de 1920, com a discussão do tamanho da Via Láctea, é que se teve consciência das dimensões reais do Universo. Ele é bem maior do que se pensava e está povoado de galáxias repletas de estrelas, possivelmente com sistemas planetários. A primeira proposta teórica de formação de planetas foi formulada pelo próprio Kant. Os detalhes desse processo só foram revelados mais recentemente, pelas pesquisas em formação estelar.

As estrelas nascem de concentrações (glóbulos) de matéria em nuvens imensas de gás e poeira. A contração pela autogravidade é um processo progressivo: quanto mais o glóbulo contrai, mais massa se acumula no seu centro e maior é a influência dessa massa central na rapidez da contração. Uma vez iniciado, esse processo é irreversível e se finaliza com a formação de um embrião de estrela (protoestrela) no centro e um disco de matéria rodeando a futura estrela. Esse disco está no plano equatorial do sistema e é denominado disco protoplanetário, pois é nele que surgem os planetas e os demais corpos que formarão o sistema planetário da estrela.

O sentido de rotação da nuvem durante a contração será o predominante na rotação e na translação de planetas e satélites, a menos que algum processo físico (colisão entre corpos) interfira nessa dinâmica. A composição química da estrela e dos objetos do seu sistema planetário será única. Objetos que se formam próximos da estrela serão compostos predominantemente de material menos volátil. A distâncias intermediárias e grandes formam-se objetos predominantemente gasosos e congelados (mistura de rochas e gases congelados).

Processos migratórios, decorrentes da interação gravitacional entre os corpos em formação e estes com a matéria do disco protoplanetário, podem resultar na alteração dos parâmetros orbitais dos corpos, especialmente nos semieixos maiores. Isso pode explicar a abundância de planetas extrassolares (exoplanetas) gigantes nas proximidades de suas estrelas.

▲ **Figura 1.6** – Esboço das diferentes etapas do processo de formação de uma estrela e seu sistema planetário.

Revisão de conceitos

- Observando-se as galáxias em qualquer direção que se olha, nota-se que elas estão se afastando da nossa Via Láctea. Quanto mais distante estiver a galáxia, mais rápido ela se afasta. Isso sugere que, no passado, as galáxias estavam mais próximas. Em um momento, cerca de 13,7 bilhões de anos atrás, tudo se concentrava em um volume infinitamente pequeno, com temperatura, densidade e energia infinitamente grandes.
- Repentinamente, houve uma expansão súbita e dela surgiu o Universo. Esse momento de expansão súbita é conhecido como *Big Bang*. Embora a tradução desse termo para o português seja a Grande Explosão, na realidade não houve explosão, mas uma expansão súbita.
- Com a expansão, houve uma queda violenta de temperatura e densidade e a energia acumulada pôde transformar-se em matéria. Prótons, nêutrons e elétrons formaram os átomos dos elementos químicos. A composição química inicial era essencialmente hidrogênio, hélio, lítio e alguns de seus isótopos. As primeiras estrelas e galáxias se formaram a partir dessa matéria.
- Com o surgimento das estrelas, a composição química do Universo foi alterada. As estrelas produzem energia através da fusão termonuclear, transformando elementos químicos leves em outros mais pesados.
- Nas fases finais de vida, as estrelas ejetam a matéria sintetizada de volta ao espaço. As estrelas gigantes morrem de forma explosiva (supernovas) lançando a maior parte de sua massa ao espaço. Todo o material ejetado pelas estrelas mortas formam nuvens imensas que contraem e voltam a formar novas estrelas. Esse processo de reciclagem repete-se indefinidamente. Quanto mais nova for uma estrela, maior é a parcela de elementos químicos em sua composição.
- A aglomeração de estrelas, remanescentes de estrelas mortas, gás e poeira interestelares, e a matéria escura (que não emite luz, mas apresenta efeitos gravitacionais) formam estruturas gigantescas conhecidas como galáxias, que podem ser classificadas por tipos, de acordo com a forma, o tamanho e a luminosidade. A Via Láctea é uma galáxia do tipo espiral barrada.
- As galáxias também se juntam em aglomerados e superaglomerados, formando a estrutura em grande escala do Universo.
- Sistemas planetários (planetas, satélites, asteroides, cometas etc.) surgem com o nascimento das estrelas. As grandes estrelas nascem rapidamente e vivem pouco, por isso têm menos chance de formar um sistema planetário em seu entorno. As estrelas de massa média e pequena, ao contrário, demoram mais para nascer e vivem muito, por isso têm sistemas planetários.

GLOSSÁRIO

Anã: Estrela da classe de luminosidade V.

Anã branca: Estrela compacta com massa menor inferior a 1,4 $M_\odot$, raio típico de 1 000 km, muito densa e com temperatura superficial elevada, por isso de cor branca. É o que restou da morte de uma estrela.

Anã negra: Estágio final de uma estrela com aproximadamente 1 $M_\odot$, que atinge o estado mais baixo de energia (não irradia energia).

Anã marrom: Objeto subestelar cuja massa está abaixo do limite mínimo requerido para promover reações de fusão nuclear (M < 0,085 $M_\odot$).

Big Bang: Teoria mais aceita sobre a origem do Universo. Segundo ela, o início de tudo ocorreu há cerca de 13,7 bilhões de anos de um ponto no espaço-tempo de densidade e temperatura infinitas que se expandiu instantaneamente e se resfriou ao seu estado presente.

Blueshift: Desvio para o azul (ou aumento na frequência de um fóton) decorrente do decréscimo da distância (ou da velocidade de aproximação) entre fonte e observador. Quanto maior a velocidade de aproximação, maior é o desvio. Efeito Doppler.

Buraco negro: Região de espaço-tempo colapsada ao máximo pela força gravitacional (autogravitação). Diz-se buraco porque a matéria que ultrapassa um limite crítico jamais escapará dessa região. É invisível porque nem a luz consegue escapar dela.

Deferente: Círculo grande centrado na Terra ao longo do qual o centro do epiciclo se move com velocidade angular uniforme. Conceito usado no geocentrismo.

Disco protoplanetário: Disco rotativo de poeira e gás que rodeia uma estrela em formação e pode evoluir para a formação de um sistema planetário.

Epiciclo: Circunferência na qual se move um planeta. O centro do epiciclo se move com velocidade angular uniforme na deferente. Conceito usado no geocentrismo.

Equante: Ponto matemático imaginário a partir do qual se vê o planeta em movimento angular uniforme. Por estar fora do centro da órbita, ele provoca variação na velocidade real do planeta. Conceito usado no geocentrismo.

Equilíbrio hidrostático: Balanço (equilíbrio) entre a força gravitacional (responsável pela contração) e as forças do gás e da radiação (responsável pela expansão) em uma estrela.

Espaço-tempo: Espaço quadrimensional formado pela combinação do espaço físico tridimensional e o tempo. É adotado como a estrutura fundamental da Teoria da Relatividade.

Inflacionária: Relativo à inflação – teoria que postula uma expansão dramática do espaço-tempo (singularidade), ocorrida em 10^{-35} segundos após o *Big Bang*. A inflação pode explicar a origem de toda a matéria no Universo observado e também o problema do horizonte e da planicidade do Universo.

Movimento próprio: Velocidade angular aparente de uma estrela, projetada na esfera celeste. Movimento espacial de uma estrela relativamente ao Sol, projetado na esfera celeste.

Nebulosa planetária: Envelope rarefeito de gás ionizado em expansão em torno de uma anã branca quente. A nebulosa surge da ejeção de uma das partes mais externas de uma gigante vermelha.

Nucleogênese: A geração dos núcleos atômicos no Universo, que culmina na gênese dos elementos químicos.

Nucleossíntese primordial: Criação de elementos químicos ocorrida poucos minutos após o *Big Bang*. Pela teoria padrão, a nucleossíntese primordial produziu hidrogênio-1, hidrogênio-2 (ou deutério), hélio-3, hélio-4 e lítio-7. Todos os demais elementos químicos foram formados posteriormente, em processos de nucleossíntese.

Paralaxe (estelar): Paralaxe estelar anual é a metade do ângulo formado pela diferença de posição de uma estrela vista da Terra em duas posições opostas (separadas de seis meses) em relação ao Sol, medida em segundo de arco. Em outras palavras, parsec é a distância em que se veria 1 UA sob o ângulo de um segundo de arco. 1 pc = 3,26163344 AL = 206 264,806 UA.

Pulsar: Estrela de nêutrons em rápida rotação, com campo magnético intenso, que emite radiação eletromagnética concentrada em um feixe. Vista da Terra, ela parece pulsar. Estrela de nêutrons.

Redshift: Desvio para o vermelho (decréscimo na frequência de um fóton) decorrente do aumento da distância (ou da velocidade de recessão) entre fonte e observador. Quanto maior a velocidade de recessão, maior é o desvio. Efeito Doppler.

Singularidade: Anomalia no espaço-tempo em que os valores das variáveis físicas como densidade, forças de maré e pressão tendem ao infinito. Nessas circunstâncias, as leis da física não são mais aplicáveis. Exemplos: *Big Bang* e buraco negro.

Supernova: Uma gigantesca explosão estelar em que a luminosidade da estrela aumenta repentinamente em até 1 bilhão de vezes. A maior parte da matéria estelar é ejetada, deixando como remanescente uma estrela de nêutrons ou um buraco negro.

Supernova tipo I: Supernova de menor massa com espectro pobre em hidrogênio e velocidade de expansão elevada (cerca de 10 000 km/s).

Supernova tipo II: Supernova de maior massa com espectro rico em hidrogênio e velocidade de expansão baixa (cerca de 5 000 km/s). A supernova tipo II é mais comum.

Referências bibliográficas

CORDANI, U. G.; PICAZZIO, E. A Terra e sua origens. In: TEIXEIRA, W. et al. (Orgs.). *Decifrando a Terra*. São Paulo: Companhia Editora Nacional, 2009. p. 18-49.

LÉPINE, J. R. D. *A Via Láctea, nossa ilha no Universo*. São Paulo: Edusp, 2008.

MACIEL, W. J. *Introdução à estrutura e evolução estelar*. São Paulo: Edusp, 1999.

PICAZZIO, E. (Ed.) *O Céu que nos envolve*. 1. ed. São Paulo: Odysseus, 2011. Distribuição gratuita. Disponível em: <http://www.iag.usp.br/astronomia/livros-e-apostilas>. Acesso em: 14 jan. 2019.

VIEGAS, S. *Entre estrelas e galáxias*. São Paulo: Terceiro Nome, 2011.

CAPÍTULO 2
Formação e estrutura do Sistema Solar
Enos Picazzio e Ian McReath

Principais conceitos

▶ O Sistema Solar originou-se a partir da Nebulosa Solar, uma nuvem de poeira e gás em rotação. Essa nebulosa se contraiu e formou o Sol no centro, por concentração de massa, e os planetas na periferia.

▶ Os 12 elementos químicos mais abundantes nessa nebulosa, em ordem decrescente de abundância atômica, eram: H (hidrogênio), He (hélio), O (oxigênio), C (carbono), N (nitrogênio), Si (silício), Mg (magnésio), Fe (ferro), S (enxofre), Al (alumínio), Ca (cálcio) e Ni (níquel).

▶ A maior parte dos elementos químicos mais voláteis (como H e gases nobres) foi expulsa para a parte externa da nebulosa. Permaneceram na parte interna, onde hoje se encontram os planetas internos (ou terrestres) como a Terra, os óxidos e silicatos de Mg, Fe, Ca e Al.

▶ Um cinturão de asteroides, repleto de pequenos corpos celestes, separa os planetas internos dos externos (os gigantes gasosos). O cinturão constitui a fonte dos meteoritos, que caem na Terra e trazem informações importantes sobre a origem do Sistema Solar e a formação dos planetas.

▶ Os planetas externos possuem anéis de poeira e pequenos fragmentos, além de satélites diversos. Há ainda os cinturões mais afastados, onde se originam os cometas, cujas órbitas se cruzam com as do Sistema Solar.

▶ A fronteira do Sistema Solar alcança quase dois anos-luz.

▲ Saturno em diferentes estações sazonais. Para muitos é o planeta mais exuberante do Sistema Solar. Saturno é o responsável por um sistema complexo que imita um pouco o Sistema Solar. É o segundo maior planeta gasoso, lembrando em alguns aspectos o gigante Júpiter. Tem o mais exuberante e complexo sistema de anéis e a segunda maior família de satélites. Seu satélite Titã é maior que Mercúrio e bem mais frio, mas é rico em compostos orgânicos e, em princípio, pode abrigar alguma forma simples de vida. Encélado, outro satélite, jorra a água que produz os grãos de gelo que formam o anel E. Jápeto parece ter sido feito de dois hemisférios colados. Hipérion tem a aparência de uma esponja do mar. Prometeu e Pandora, dois satélites pequenos, atuam como pastores do anel F. Sem eles, esse anel não existiria.

Introdução

No capítulo anterior, foram apresentados conceitos sobre a evolução do Universo e foi mostrado que a morte de estrelas é acompanhada de ejeção de matéria reciclada, que será matéria-prima para a formação de novas estrelas e sistemas planetários.

Neste capítulo, vamos discutir a origem e as características do sistema de objetos que surgiu durante a formação do Sol e permanece ligado a ele por ação gravitacional. Embora as propriedades do Sistema Solar pareçam, até o momento, ser únicas, o mecanismo que o formou deve ser comum à formação de estrelas. Muitos sistemas planetários ligados a outras estrelas estão sendo descobertos, cujas características conhecemos muito pouco. Porém, é de se esperar que o conhecimento que vem sendo adquirido nesse campo de pesquisa nos ajude a delinear com mais precisão as etapas de formação do Sistema Solar, bem como a compreender melhor a natureza dos corpos planetários que o compõem.

▲ **Figura 2.1** – Montagem, com tamanhos e distâncias fora de escala, de alguns corpos do Sistema Solar.

A Terra no Universo: uma breve história

Na Idade Antiga, pouco se conhecia sobre a Terra e o Universo e muitos filósofos gregos consideravam nosso planeta o seu centro. Era a visão geocêntrica do Universo. Além da falta de instrumentos adequados para fazer observações precisas, ainda não havia sido acumulado um conhecimento científico que permitisse avaliar as idades da Terra e do próprio Universo. Na realidade, a visão de Universo físico era fortemente influenciada pela filosofia e pela religião.

Na Idade Média, a ideia dominante na ciência e na religião era a de que a Terra tinha sido criada em poucos dias, há cerca de 6 000 anos, tempo estimado a partir da aceitação literal de antigos textos hebraicos, que foram incorporados nas traduções modernas da *Bíblia* no *Antigo Testamento*.

A partir do século XVII, com o uso do telescópio como instrumento de observação, iniciou-se uma importante fase científica sobre o estudo do Sistema Solar e do Universo, imenso e repleto de galáxias feitas de estrelas. As primeiras medidas de paralaxe e de distância surgiram em 1838, com Friedrich W. Bessel (1784-1846), Otto Struve (1897- -1963) e Thomas J. A. Henderson (1798-1844).

Os grandes avanços no entendimento da composição, da estrutura e da formação do Sistema Solar devem-se não somente aos grandes telescópios instalados na Terra, mas, principalmente, aos telescópicos espaciais e às sondas não tripuladas. Apesar do avanço tecnológico e científico, ainda sabemos pouco sobre a natureza das regiões mais distantes do Sistema Solar.

O Sistema Solar: estrutura e distribuição de massa

O Sistema Solar é composto pelo Sol, estrela que concentra 99,8% da massa do sistema. Nas proximidades, ele é circundado por quatro planetas rochosos ou terrestres: Mercúrio, Vênus, Terra e Marte. Esses planetas são relativamente pequenos e densos (**Figura 2.2**), com poucos satélites (ou nenhum), e se acham envolvidos por atmosferas relativamente pouco densas ou inexistentes. A atmosfera mais densa é a de Vênus e a menos densa, quase inexistente, é a de Mercúrio.

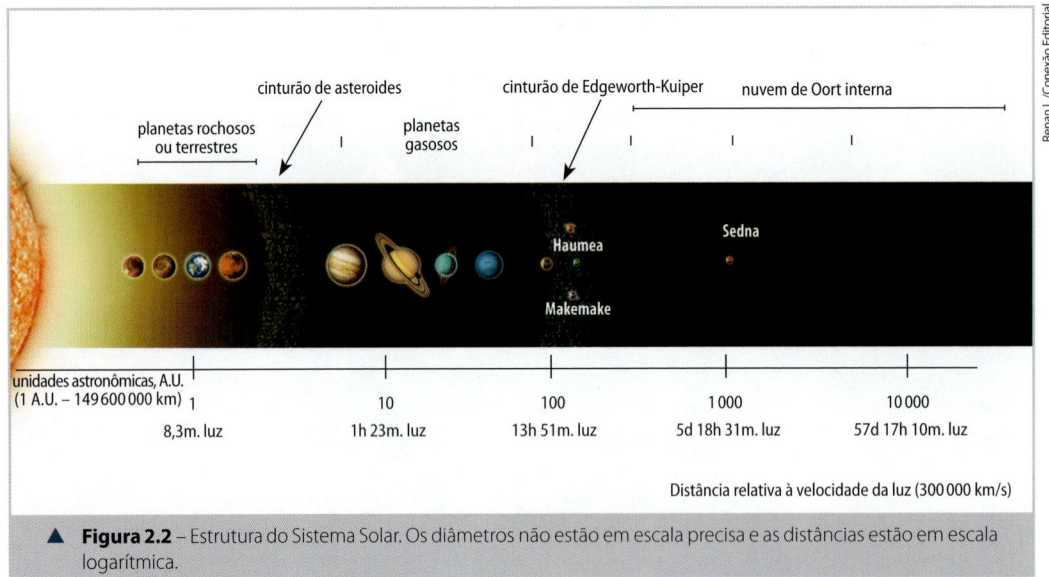

▲ **Figura 2.2** – Estrutura do Sistema Solar. Os diâmetros não estão em escala precisa e as distâncias estão em escala logarítmica.

Pouco adiante de Marte encontramos uma zona de asteroides, conhecida por Cinturão Principal, composta por uma miríade de corpos rochosos de dimensões variadas e menores que 1 000 km (**Figura 2.2**). As colisões mútuas e a força gravitacional combinada de Marte e Júpiter impedem que esses corpos se agreguem em um único objeto e formem um quinto planeta rochoso.

A região entre 5 UA e 31 UA do Sol é preenchida pelos quatro planetas gasosos e seus satélites e por algumas famílias de cometas de curto período. Por similaridades de tamanho e composição química, podemos separá-los em duas duplas: Júpiter e Saturno, os maiores, e Urano e Netuno. A massa de Júpiter é maior que a soma das massas de todos os demais objetos do Sistema Solar, excetuando-se o Sol.

As órbitas de todos os planetas e de muitos dos asteroides ao redor do Sol estão muito próximas do plano da órbita da Terra (plano da eclíptica). Os eixos de rotação dos planetas desviam pouco da perpendicular do plano da eclíptica, com exceção de Urano, cujo eixo de rotação praticamente coincide com o plano de translação. Um tombamento de 180° poderia explicar a rotação invertida de Vênus. É possível que esses tombamentos tenham sido causados por colisões sofridas por esses planetas.

A região adiante de Netuno, conhecida como transnetuniana, é vasta, pouco conhecida e muito fria. A maioria dos corpos da região entre 30 UA e 50 UA está concentrada no Cinturão de Edgeworth- -Kuiper. Esse cinturão é 20 vezes mais extenso e

200 vezes mais massivo que o Cinturão Principal de asteroides. Ainda assim, a massa total pode ser menor que a terrestre. Diferentemente dos asteroides do Cinturão Principal, esses corpos são feitos de rocha, além de água e gases congelados, sobretudo hidrocarbonetos e amônia, e têm períodos orbitais da ordem de duas centenas de anos.

Plutão, Eris, Haumea e Makemake são planetas-anões dessa região. Eris tem órbita bastante alongada, com afélio de 100 UA do Sol. Sedna, com praticamente a metade do tamanho de Eris, atinge a distância máxima de 970 UA. Não sabemos exatamente quantos objetos há nessa região, mas devem existir mais de milhões. Os cometas de períodos curtos e médios fazem parte dessa população.

O espaço delimitado entre 30 000 UA e 100 000 UA é preenchido pela Nuvem de Oort, composta por cometas. Portanto, podemos admitir o limite externo da Nuvem de Oort como região limítrofe do Sistema Solar. Mesmo sendo grande, essa distância equivale a um terço da distância da estrela Próxima Centauro, a mais próxima do Sol.

As estruturas dos planetas rochosos (ou terrestres)

O conjunto das observações às leis da gravitação nos permite estimar a massa do planeta e seu volume. A densidade média, calculada a partir da massa e do volume do planeta, é uma das informações necessárias para se deduzir sua estrutura interna.

No caso da Terra, por exemplo, a densidade média estimada é aproximadamente 5,5 g/cm^3. Essa densidade é bem maior que a da maioria das rochas presentes em sua superfície terrestre, que é cerca de 3,3 g/cm^3. Conclui-se, portanto, que o interior terrestre deve ser constituído por um material muito mais denso, concentrado no seu núcleo.

Os meteoritos encontrados na superfície terrestre são fontes de informação importantes sobre a estrutura interna dos corpos do Sistema Solar. Os meteoritos metálicos (sideritos) são compostos por ligas de ferro e níquel de alta densidade (aproximadamente 8 g/cm^3). Já os meteoritos condritos comuns geralmente são compostos de silicatos de magnésio e ferro e têm densidade máxima de cerca de 3,3 g/cm^3.

Com essas informações deduziu-se que no centro da Terra existiria um núcleo metálico, circundado por um manto de rochas silicáticas ricas em magnésio e ferro. Sob as elevadas pressões vigentes no interior profundo da Terra, a liga de ferro e níquel torna-se muito mais densa e os silicatos de magnésio e ferro são transformados em óxidos de alta densidade, constituídos por esses mesmos elementos químicos.

Por meio da sismologia, que estuda os fenômenos da geração e propagação das ondas geradas por terremotos (ondas sísmicas) através da Terra, é possível confirmar que, abaixo da fina crosta externa, sobre a qual vivemos, há um manto denso e um núcleo ainda muito mais denso (**Figura 2.3**). A parte externa do núcleo é composta por material em estado líquido com baixa viscosidade, cuja movimentação gera o campo magnético da Terra. O assunto da estrutura interna da Terra será tratado com mais detalhes nos próximos capítulos.

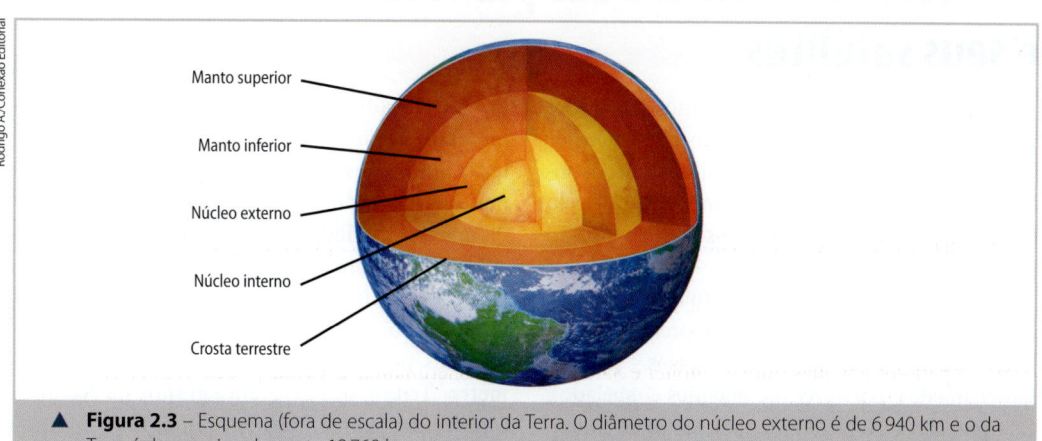

▲ **Figura 2.3** – Esquema (fora de escala) do interior da Terra. O diâmetro do núcleo externo é de 6 940 km e o da Terra é de aproximadamente 12 760 km.

A partir de cálculos astronômicos, semelhantes aos realizados para a Terra, é possível estimar as densidades de Mercúrio, Vênus, Lua e Marte (**Tabela 2.2**). Informações adicionais sobre esses corpos celestes foram obtidas por meio de sondas não tripuladas que permaneceram em órbita desses corpos ou pousaram em suas superfícies. No caso da Lua, as missões Apollo (NASA) foram tripuladas e amostras de solo foram trazidas para serem estudadas em laboratório. Além de terem sido obtidas informações sobre as composições de rochas expostas na superfície, os campos magnéticos externos foram medidos. No caso de Marte, sondas de prospecção vêm explorando sua superfície há décadas. Vênus e Mercúrio são estudados mediante sondas orbitais.

Tabela 2.1 – Parâmetros físicos dos planetas rochosos e da Lua, relevantes para a interpretação das respectivas estruturas internas

Corpo celeste	Campo magnético atual	Magnetização das rochas	Núcleo externo líquido (atual)	Núcleo externo líquido (no passado)
Mercúrio	Muito fraco	É provável	Pequeno*	Existência provável
Vênus	Não existe	?	Existe	Existia
Terra	Existe	Existe	Existe	Era maior que o atual
Lua	Não existe	Existe	Pequeno e difuso	Existia
Marte	Não existe	Existe	Existe	Existia

* Núcleo estende-se até 85% do raio do planeta. É sólido com a parte intermediária líquida.

Pelos valores de densidade média que apresentam (**Tabela 2.2**), é possível concluir que o núcleo de Mercúrio é relativamente grande, enquanto os de Marte e da Lua devem ser relativamente pequenos (**Tabela 2.1**). Estudos recentes sugerem a possibilidade de os núcleos de Mercúrio e da Lua serem parcialmente líquidos. A elevada densidade de Mercúrio deve-se à presença desse núcleo massivo. É possível que esse planeta tenha sofrido um choque de grandes proporções logo após sua formação, que poderia remover grande parte do seu manto silicático.

Características físicas dos planetas gasosos e seus satélites

A temperatura do topo de atmosfera desses planetas é baixa e todos eles são cercados por anéis, formados por poeira e pequenos corpos sólidos, de dimensões métricas, compostos por gelo e rochas. Desses anéis, apenas os de Saturno são vistos facilmente da Terra.

Júpiter e Saturno são constituídos essencialmente de hidrogênio e hélio. Proporcionalmente, Urano e Netuno têm gases mais densos – por isso são chamados, por vezes, de gigantes congelados. Os topos das nuvens desses planetas estão a temperaturas extremamente baixas.

As elevadas massas de Júpiter e Saturno lhes conferem as maiores famílias de satélites. Ganimedes (Júpiter) e Titã (Saturno) são maiores que Mercúrio. Io (Júpiter) é o corpo de maior atividade vulcânica do Sistema Solar e Titã tem atmosfera mais densa que a terrestre. Os demais satélites têm superfícies congeladas e são ricos em água. Urano tem quatro satélites pouco maiores que 1 000 km de diâmetro. Tritão, único satélite grande de Netuno, é parecido com Plutão em tamanho e composição química.

Tabela 2.2 – Parâmetros físicos dos planetas e seus maiores satélites

Planeta (satélites) maior satélite	Distância heliocêntrica (UA)	Densidade (g/cm³)	Massa (M_T)	Diâmetro (D_T)	Temperatura (°C)
Mercúrio	0,39	5,43	0,056	0,38	167
Vênus	0,72	5,24	0,815	0,95	464
Terra (1) Lua	1	5,52 3,34	1 0,0123	1 0,272	15 −20
Marte (2) Fobos	1,52	3,94 2,2	0,107 $1,81 \cdot 10^{-9}$	0,53 0,002	−63 −4 a −112
Júpiter (66) Ganimedes	5,20	1,33 1,9	317,9 0,0248	11,19 0,413	−145 −166
Saturno (61) Titã	9,54	0,70 1,9	95,1 0,0225	9,41 0,404	−175 −180
Urano (27) Titânia	19,28	1,30 1,71	14,56 0,0006	4,01 0,124	−210 −200
Netuno (13) Tritão	30,22	1,76 2,07	17,24 0,0036	3,89 0,216	−220 −238

UA (Unidade Astronômica) = 149 600 000 km; M_T (massa da Terra) = $5,97 \cdot 10^{24}$ kg;
D_T (diâmetro equatorial da Terra) = 12 756 km

Os satélites dos planetas gasosos são mais densos que o próprio planeta, fato que sugere composições diferentes, como a presença de componente sólido ou rochoso em maior quantidade. Entre os quatro maiores satélites de Júpiter, Io é rochoso e Europa, Ganimedes e Calisto são constituídos de mistura de rocha e gelo. O satélite Io é conhecido pela atividade vulcânica contínua, provocada pelas forças de maré de Júpiter e demais satélites. O satélite Titã de Saturno chama a atenção pela similaridade das feições de sua superfície com as existentes na Terra. Sua atmosfera, mais densa que a terrestre, é rica em nitrogênio e contém orgânicos. Seu ciclo sazonal lembra o terrestre, predominando o metano e não a água. O metano atua nesse satélite de forma semelhante à água na Terra. Não se descarta a possibilidade de eventualmente apresentar condições adequadas para sustentar alguma forma de vida.

As observações diretas dos planetas gasosos restringem-se aos topos das nuvens. Embora a colisão de fragmentos do cometa Shoemaker-Levy com o planeta Júpiter tenha originado cicatrizes espetaculares na sua alta atmosfera, ela revelou muito pouco sobre os níveis mais profundos. Portanto, as densidades dos planetas gasosos representam uma das poucas informações concretas disponíveis para inferir suas possíveis composições e estruturas internas.

A abundância dos principais elementos químicos componentes das atmosferas superiores dos planetas gasosos representa outra importante fonte de informação. Em todos esses planetas, o hidrogênio é o elemento químico mais abundante. O hélio também está presente em quantidade significativa. As densidades médias dos planetas gasosos sugerem a existência de um núcleo sólido relativamente grande, com massa muito maior que a da Terra, sendo composto tanto por material rochoso como também por água (H_2O) e dióxido de carbono (CO_2) congelados.

a) NASA/JPL/USGS; b) NASA/JPL/University of Arizona; c) NASA/JPL/Space Science Institute; d) ESA. Image by C.Carreau; e) PD-USGOV-NASA; f) NASA

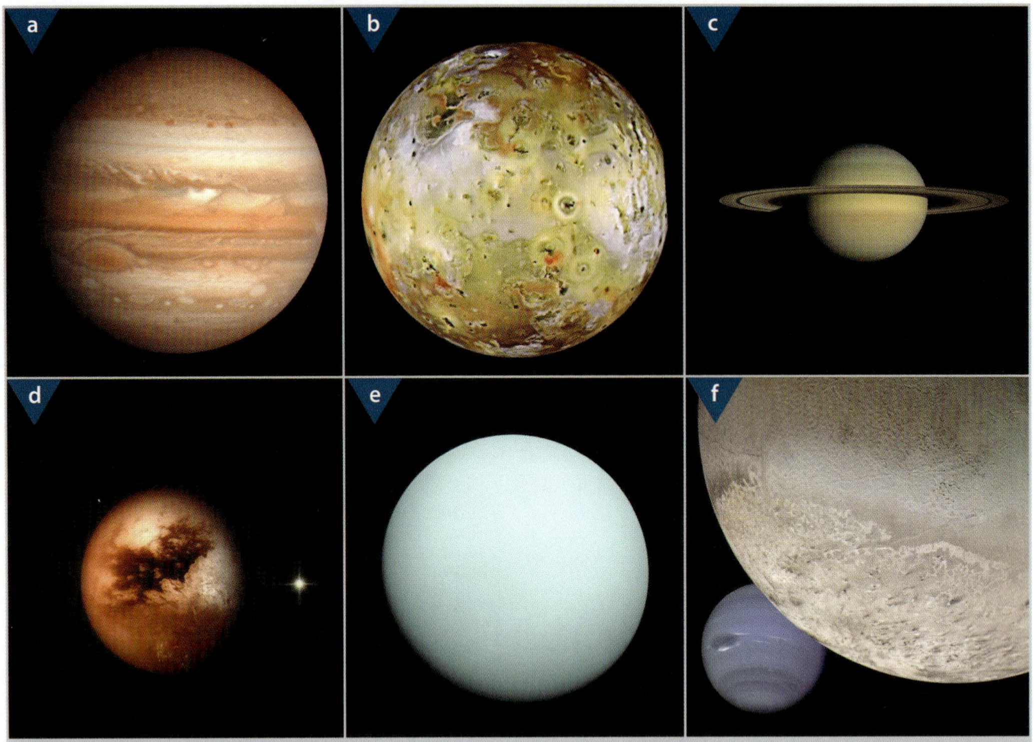

▲ **Figura 2.4** – Imagens, fora de escala, de Júpiter (a) e seu satélite Lo (b); Saturno (c) e seu satélite Titã (d), as áreas continentais estão representadas por cor clara; Urano (e); Netuno (f) e seu satélite Tritão em primeiro plano.

Quadro 2.1 – Como investigar superfícies a distância?

Uma característica típica da superfície lunar é a presença de áreas claras e escuras, vistas da Terra sem auxílio de instrumentos. As partes claras são compostas de rochas que refletem mais eficientemente a luz do que as partes escuras. A eficiência na reflexão é determinada pela composição química do material superficial e definida por um parâmetro chamado albedo, que é o percentual da luz incidente que é refletida por uma superfície. Superfícies claras têm elevado albedo (máximo é 100%), ao contrário das superfícies escuras (mínimo é 0%).

Planetas, satélites e asteroides não emitem luz visível, apenas refletem a luz solar. As tonalidades e as cores que percebemos são consequência da refletividade seletiva do material que reveste a superfície do corpo. Parte da luz solar incidente é seletivamente absorvida, de acordo com os albedos dos materiais e das rochas superficiais, e o restante é refletido. Em laboratório, podemos avaliar as intensidades da luz refletida por minerais, rochas e meteoritos conhecidos e compará-las com aquelas exibidas pelos planetas rochosos e asteroides. Assim, é possível correlacionar rochas de laboratório com rochas de superfícies de planetas e asteroides.

Os meteoritos se subdividem em quatro classes básicas: (1) o tipo S, com várias subclasses, apresenta valores relativamente elevados de albedo, decorrentes da predominância de minerais da família dos silicatos, especialmente de magnésio e ferro; (2) o tipo C é relativamente escuro, por causa da presença de carbono inorgânico; (3) o tipo M também apresenta albedo relativamente alto e tem composição metálica; (4) o tipo U apresenta albedos anômalos. Vesta é um exemplo de asteroide que pode estar recoberto de rochas vulcânicas máficas, ricas em magnésio e ferro, além de silício e oxigênio.

Outras duas ferramentas poderosas na análise da composição química são espectro e polarização da luz refletida ou emitida pelos objetos. Ambas revelam a presença dos elementos químicos presentes nos materiais que compõem as superfícies, bem como de suas condições físicas.

Corpos menores: planeta-anão, asteroide e cometa

A lei de Titius-Bode, conhecida desde o final do século XVIII, é uma relação matemática que define, muito aproximadamente, as distâncias planetárias. Ela prevê um planeta (inexistente) entre Marte e Júpiter. Isso foi um enigma por pouco mais de um século. Porém, nos primeiros dias do século XX, foi descoberto o asteroide Ceres nessa região. Nos três anos seguintes, foram descobertos mais três objetos nessa região: Vesta, Juno e Pallas. Hoje sabemos que é nessa região que se localiza o Cinturão Principal de Asteroides.

As tentativas de explicar as pequenas irregularidades no movimento orbital de Netuno levaram os astrônomos a procurar por um nono planeta que estivesse na região adiante de Netuno. Essa busca acabou levando à descoberta de Plutão em 1936. Mais recentemente, vários outros objetos foram descobertos na região transnetuniana, a maioria no Cinturão de Kuiper (às vezes referido como Cinturão de Edgeworth-Kuiper).

Desde sua descoberta, Plutão foi considerado o nono planeta. No entanto, sua órbita tem características bem diferentes das órbitas dos outros planetas. Além disso, seu satélite Caronte é exageradamente grande se comparado a Plutão. É caso único no Sistema Solar. As desconfianças de que Plutão fora classificado incorretamente como planeta aumentaram quando se descobriu Eris, um corpo parecido com Plutão, porém ligeiramente maior. Por isso, em 2006, a União Astronômica Internacional, baseada em discussões abertas, criou regras mais rígidas para a classificação de planeta e uma nova classe de objetos: os planetas-anões. Esses objetos têm formas quase esféricas e orbitam o Sol como os planetas, mas não são os corpos predominantes em suas órbitas. Plutão, por exemplo, divide sua órbita com uma família de objetos parecidos na composição química, por isso mesmo classificada como família dos plutinos.

Tabela 2.3 – Parâmetros físicos dos maiores corpos do Cinturão Principal de Asteroides, que fica entre os planetas Marte e Júpiter

Asteroide	Diâmento (em km)	Forma	Massa = $\times 10^{21}$ g	Tipo[1]
Pallas	570 × 525 × 482	Semiesférica	318	C
Vesta	530	Semiesférica	20	V
Juno	240	Semiesférica (?)	300	S
Cleópatra	217 × 94	"Osso de cachorro"		M
Gaspra	19 × 12 × 11	Irregular	0,01	S
Itokawa	0,6 × 0,3 × 0,3	Irregular	?	S

C – carbonosos, **S** – silicosos, **M** – metálicos, **V** – crosta basáltica vulcânica.

É possível demonstrar que corpos feitos de rochas ordinárias de densidades médias assumem espontaneamente a forma esferoidal quando atingem diâmetros superiores a 250 km, aproximadamente. Isso ocorre por decorrência da própria atração gravitacional (autogravitação). É sabido que a maioria dos asteroides tem tamanhos menores que esse limite mínimo. Portanto, a maioria dos asteroides tem forma não esférica; muitos são irregulares e assimétricos. Em parte, a forma assimétrica é resultado da aglomeração de corpos menor pela força atrativa da gravidade.

O maior objeto do Cinturão Principal é Ceres. Pela nova classificação, ele se tornou um planeta-anão. Ceres é esférico, possui densidade de 2,1 g/cm³ e sua superfície exibe cor escura. A luz refletida por ele revela a presença de hidroxila (OH), provavelmente combinada em minerais do grupo dos silicatos, além de água na forma de gelo, carbono e outros elementos orgânicos, sugestivos de que ele pertença à classe dos condritos.

Pallas, que passou a ser o maior asteroide após a reclassificação de Ceres, apresenta também baixa refletividade e a densidade inferida é de 2,3 g/cm³, indicando predominância de material rochoso (silicatos) e menor proporção de gelo. O espectro refletido de Vesta, asteroide pouco menor que Pallas, sugere que sua superfície seja composta de material semelhante aos basaltos terrestres. Há também evidências de atividade vulcânica, quando ocorreu a consolidação desse asteroide. Sua densidade, de aproximadamente 3,2 g/cm^3, é um pouco maior do que a de basaltos terrestres.

A maioria dos asteroides de porte médio a grande apresenta crateras de diversas dimensões, formadas por impacto. Essa é uma evidência de que colisões fizeram parte da história evolutiva desses corpos. As colisões mais violentas ocorreram no início da evolução do Sistema Solar. Colisões menos violentas ocorreram posteriormente e continuam a ocorrer ainda hoje. Parte dos fragmentos dessas colisões foi espalhada para fora da região dos asteroides e eles caíram nos planetas. Os maiores fragmentos provocaram grandes crateras, e os menores atingem as superfícies na forma de meteoritos.

Acredita-se que os grandes asteroides sejam corpos diferenciados, ou seja, formados de núcleo (material mais denso), manto e crosta (material menos denso). Parte desses asteroides foi destruída por colisões, originando fragmentos de composições variadas (tipos C, S e M). Os asteroides do tipo M, ricos em liga metálica, podem ter sido parte do núcleo de grandes asteroides diferenciados. Outros asteroides podem representar material primitivo que sofreu pequenas modificações desde sua origem e constituem os asteroides não diferenciados.

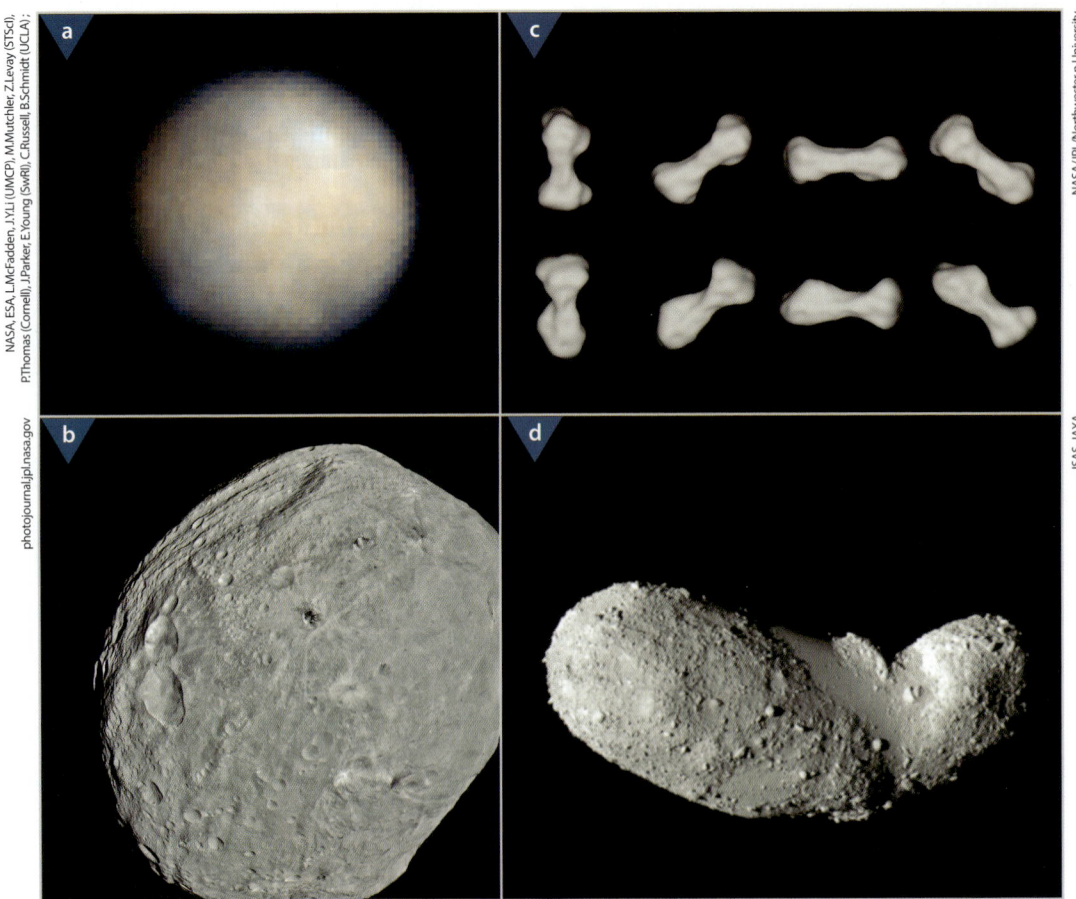

▲ **Figura 2.5** – (a) Ceres já foi o maior asteroide, mas atualmente é classificado como planeta-anão. (b) Vesta, fotografado pela sonda Dawn (NASA) em 24 de julho de 2011 a 5 200 km de distância, apresenta uma cratera gigante com diâmetro de 450 km e uma elevação central com cerca de 24 km de altura. (c) Cleópatra parece um "osso para cachorro", que é uma forma extremamente exótica para um asteroide metálico. (d) Itokawa possui aproximadamente 600 m × 300 m × 300 m de tamanho e foi visitado pela sonda japonesa Hayabusa. Sua superfície é incomum entre os asteroides; talvez ele tenha resultado da união gravitacional de dois asteroides pequenos.

Nem todos os asteroides restringem-se à zona do Cinturão Principal. Os asteroides classificados como Near Earth Asteroids (NEA) têm periélio menor que 1,3 UA; portanto, estão próximos da órbita da Terra. Eles se dividem em três grupos: (a) Atenas, com periélio menor que 1 UA; (b) Apollo, com periélios menores que 1,017 UA; e (c) Amor, com periélios entre 1,017 UA e 1,3 UA.

Os cometas são astros bem diferentes de planeta-anão e asteroide. Talvez sua característica mais marcante seja a possibilidade de eles serem as principais fontes de água e compostos orgânicos e de terem abastecido nosso planeta com materiais básicos para a vida, quando a temperatura da Terra diminuiu e as condições ambientais se tornaram mais amenas.

Em valores típicos, o núcleo de um cometa tem cerca de 10 km de diâmetro e massa entre 100 e 1 000 bilhões de toneladas. A composição química predominante é de rocha porosa, água e gases congelados, sendo 80% de água, 10% de monóxido de carbono, 3,5% de dióxido de carbono e traços de compostos orgânicos ricos em carbono, hidrogênio, oxigênio e nitrogênio. O aquecimento decorrente de sua aproximação do Sol sublima os gases da superfície ou dos interstícios do núcleo. Os jatos de gases arrastam consigo grãos rochosos e juntos formam uma atmosfera, a coma, e até dois tipos de cauda: uma retilínea formada de gases ionizados e outra curva formada de gases neutros e poeira. A ionização dos gases é provocada pela interação destes com fótons de luz ultravioleta do Sol. A cauda ionizada é retilínea porque os íons interagem com o vento solar (composto de partículas eletricamente carregadas) e por ele são arrastados a grandes velocidades.

Tamanho e brilho aparentes de um cometa dependem essencialmente das distâncias heliocêntrica (Sol) e geocêntrica (Terra) do cometa. Quanto mais próximo do Sol estiver o cometa, maiores serão o brilho e o tamanho. Quanto mais próximo o cometa estiver da Terra, mais brilhante e maior ele parecerá.

A longevidade de um cometa depende essencialmente de quão perto ele passa do Sol (maior desgaste) e da frequência com que faz isso (período orbital). Cometas de longo período vivem muito, enquanto os cometas de curto período esgotam mais rápido o estoque de gás e poeira. O que resta de um cometa é o núcleo rochoso que resistiu ao aquecimento, o que pode lhe conferir a aparência de um asteroide.

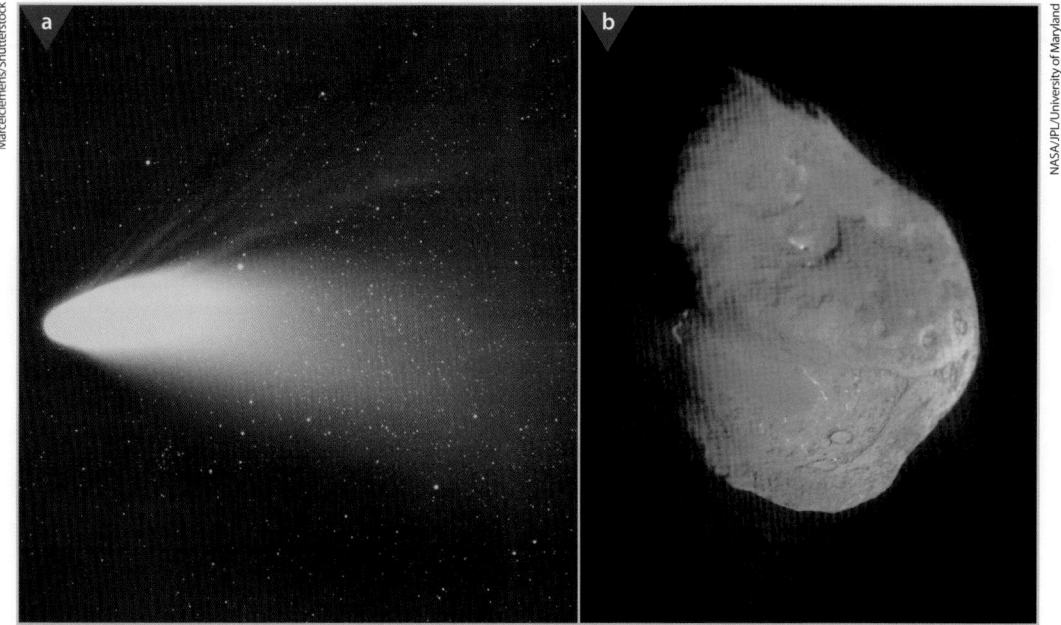

▲ **Figura 2.6** – (a) Estrutura de um cometa ilustrada sobre a imagem do cometa Hale Bopp em 1997. (b) Núcleo do cometa 9P/Tempel 1 (C/1995 O1) fotografado pela sonda Deep Impact em 4 de julho de 2005. O cometa tem, aproximadamente, 8 km.

Quadro 2.2 – Meteoros e meteoritos

Durante a queda, um meteoroide (rocha que vaga pelo espaço) penetra a atmosfera em velocidade elevada e o atrito com os gases provoca aquecimento e fusão parcial do material superficial, produzindo um rastro luminoso denominado meteoro. Por vezes, o meteoroide pode explodir antes de atingir a superfície da Terra, produzindo fragmentos de vários tamanhos. Ao atingir o solo, esse fragmento rochoso passa a se chamar meteorito.

Meteoritos pequenos raramente causam algum dano, mas massas de poucos quilogramas podem produzir pequenas crateras com dimensões métricas. Quanto maior for o meteorito, maior será a cratera produzida. A superfície terrestre, assim como as superfícies dos demais planetas rochosos e satélites, é marcada por crateras com dimensões quilométricas (**Figura 2.7**). Já corpos muito grandes, como asteroides e cometas, podem formar crateras com diâmetros de dezenas a centenas de quilômetros. Nos processos colisionais, mais violentos, grandes quantidades de poeira são lançadas na atmosfera, tornando-a mais opaca à passagem dos raios solares e causando redução da temperatura média na superfície da Terra. Há fortes indícios de que as extinções em massa estão correlacionadas a eventos colisionais de grandes proporções (**Figura 2.6b**).

▲ **Figura 2.7** – (a) Ilustração da sequência de eventos durante o impacto de um bólido com a superfície rochosa, provocando uma cratera. (g) Cratera do Patrocínio, localizada em Minas Gerais. Possui cerca de 16 km de diâmetro.

Os meteoritos podem ser agrupados em várias categorias, mas há três básicas. Os sideritos (**Figura 2.8a**), ou meteoritos metálicos, são compostos predominantemente por ligas de ferro e níquel, geralmente com pequenas quantidades de sulfetos. De modo geral, apresentam texturas que devem resultar da cristalização lenta da liga líquida sob grande pressão, resultando no arranjo geométrico dos cristais, que é denominado textura *Widmanstätten* (**Figura 2.8b**). Essas texturas nunca puderam ser reproduzidas em laboratórios. Por analogia, acredita-se que essas ligas sejam encontradas nos núcleos dos planetas terrestres.

Uma característica importante dessa categoria de meteoritos é a tendência de apresentarem, em comparação com as outras categorias, concentrações relativamente altas de alguns elementos raros na superfície terrestre, como ouro e membros da família da platina, incluindo-se o irídio. Foi a presença de concentrações anormais desse elemento na Terra, em camadas finas de rochas sedimentares com idades de em torno de 65 milhões de anos, que permitiu aos pesquisadores levantar a hipótese de que a queda de um meteorito metálico teria sido responsável pela extinção dos dinossauros.

A segunda categoria é a dos meteoritos pétreos, ou rochosos. A maioria deles assemelha-se às rochas encontradas na Terra e constituem dois subgrupos: os condritos e os acondritos. A maioria do primeiro subgrupo contém côndrulos, que são pequenas estruturas com diâmetros ao redor de 1 mm. São compostos de silicatos de magnésio e ferro, e a sua textura sugere que se solidificaram rapidamente do estado líquido (**Figura 2.8c**). Os condritos comuns possuem também ferro e níquel metálicos. Muitos pesquisadores usam a composição química de condritos como modelo para toda a Terra.

Há um tipo excepcional de condritos, ricos em carbono inorgânico e silicatos magnesianos hidratados, alguns com ligas de ferro e níquel metálicos ou com sulfetos desses dois metais, nos quais os côndrulos são ausentes. Esses são os condritos carbonosos, que poderiam representar material proveniente da Nebulosa Solar muito pouco modificado (pouco diferenciado).

▲ **Figura 2.8** – (a) Siderito mostrando abundância de depressões côncavas, produzidas durante o aquecimento na queda pela atmosfera; (b) padrão *Widmanstätten* em siderito; (c) pallasito (Fonte: Coleção do Museu de Geociências da USP).

Os meteoritos pétreos acondritos são também semelhantes às rochas terrestres. São meteoritos diferenciados, cujas composições se afastaram muito da composição primitiva da Nebulosa Solar. Entre os acondritos, encontram-se rochas semelhantes às da Lua, além de raros meteoritos que poderiam ser provenientes de Marte, pois contêm pequenas bolhas de gás, cuja composição é parecida com a da atmosfera marciana. Um meteorito desse tipo foi encontrado perto da cidade de Governador Valadares (MG). O exemplar encontrado na Antártida (ALH 84001) apresenta pequenas estruturas que parecem fósseis petrificados de vida primitiva em Marte; porém, até o momento não ficou provado que essas estruturas tenham origem biológica.

O terceiro grupo é o dos siderólitos, ou mesossideritos, formado por uma mistura entre os sideritos e os pétreos. Essa classe inclui os pallasitos, para alguns os mais belos meteoritos. Neles, grandes cristais de olivina (mineral de silicato magnesiano) ocorrem imersos em liga metálica (**Figura 2.8c**). A olivina torna-se instável sob as altíssimas pressões que reinariam na parte interna de um grande planeta, sugerindo que a liga tenha se solidificado a partir de um líquido, na zona de transição entre o núcleo (de composição metálica) e o manto (rochoso), no interior de um pequeno planeta.

A fonte mais importante de meteorito são os asteroides, mas os provenientes de Marte e da Lua são mais raros.

Nebulosa Solar

A composição original

Como a maior parte da massa do Sistema Solar concentra-se no Sol, sua composição química deve ser a mesma da Nebulosa Solar. É possível obter informações sobre a composição da fotosfera solar mediante a análise dos espectros de absorção e de emissão dos elementos presentes. Admite-se que essa composição represente a da nebulosa original. Os 12 elementos mais abundantes são: H, He, O, C, N, Si, Mg, Fe, S, Al, Ca e Ni. Desses elementos, apenas O (29,7%), Mg (15,4%), Si (16,1%), Fe (31,9%), Al (1,59%) e Ca (1,71%) são os mais abundantes na Terra, perfazendo cerca de 96% da sua massa. Os elementos Mg, Fe, Al e Ca fazem ligações químicas com Si e O para formar óxidos e silicatos. Fe e Ni participam também nas composições de ligas metálicas, como também de sulfetos.

A formação do Sistema Solar

As imensas nuvens frias e densas de gás e poeira existentes no espaço interestelar são a matéria-prima para a formação de novas estrelas e seus sistemas planetários. Os gases predominantes são hidrogênio e hélio. Já a poeira é um complexo de pequenos grãos irregulares de silicatos e carbono revestidos de gases solidificados pela baixa temperatura ambiente (cerca de -250 °C), com dimensões variando entre submicrométrica e submilimétrica.

A análise matemática de um sistema de partículas interagindo gravitacionalmente, baseada no equilíbrio da energia cinética média e na energia potencial média do sistema evidencia a correlação entre massa, densidade e temperatura e o colapso irreversível da nuvem. No início do século XX, *Sir James Jeans* mostrou que uma nuvem molecular com 1 000 massas solares, temperatura de 50 K (-223 °C) e 6,52 anos-luz ($6,2 \times 10^{13}$ km) de raio não resiste à autogravitação e entra em colapso irreversível.

Como todas as estrelas, o Sol surgiu da contração de uma nuvem primordial (Nebulosa Solar). Quanto mais se contraía, mais rapidamente a nuvem girava. O Sol formou-se no centro da nuvem e ao seu redor surgiu um disco de matéria composto de grãos e gases, conhecido como disco protoplanetário. A região próxima do Sol era quente e formada de grãos e gases densos. Os corpos rochosos que se formaram nessa região cresceram acumulando matéria através de colisões entre grãos, posteriormente por unidades maiores (planetesimais), finalmente por grandes corpos que marcaram suas superfícies com crateras colisionais. Esse processo denomina-se acreção.

Nas regiões mais distantes e mais frias, compostas predominantemente por gases, formaram-se os corpos gasosos e congelados. Os planetas podem ter se formado por processo mais rápido, denominado instabilidade de disco, parecido com o processo de formação das estrelas. Como grandes massas implicam em campos gravitacionais intensos, esses planetas acumularam muitos satélites.

A matéria que sobrou de planetas e satélites ficou concentrada nos asteroides, corpos congelados e cometas. A maioria dos asteroides permaneceu no Cinturão Principal, entre Marte e Júpiter. A região adiante de Netuno, região transnetuniana, é vasta e concentra a sobra dos corpos primitivos na forma de planetas-anões, corpos congelados e cometas de curto e médio períodos. Os cometas de longo período podem ter se formado nas imediações dos planetas gigantes e lançados para os confins do Sistema Solar por decorrência de interações gravitacionais, formando a Nuvem de Oort de configuração esférica.

O Sol contém 99,86% da massa total do Sistema Solar. O restante ficou praticamente concentrado nos planetas gasosos, principalmente em Júpiter. Uma fração diminuta (0,0014%) concentrou-se no conjunto formado por planetas rochosos, satélites, planetas-anões, asteroides e cometas.

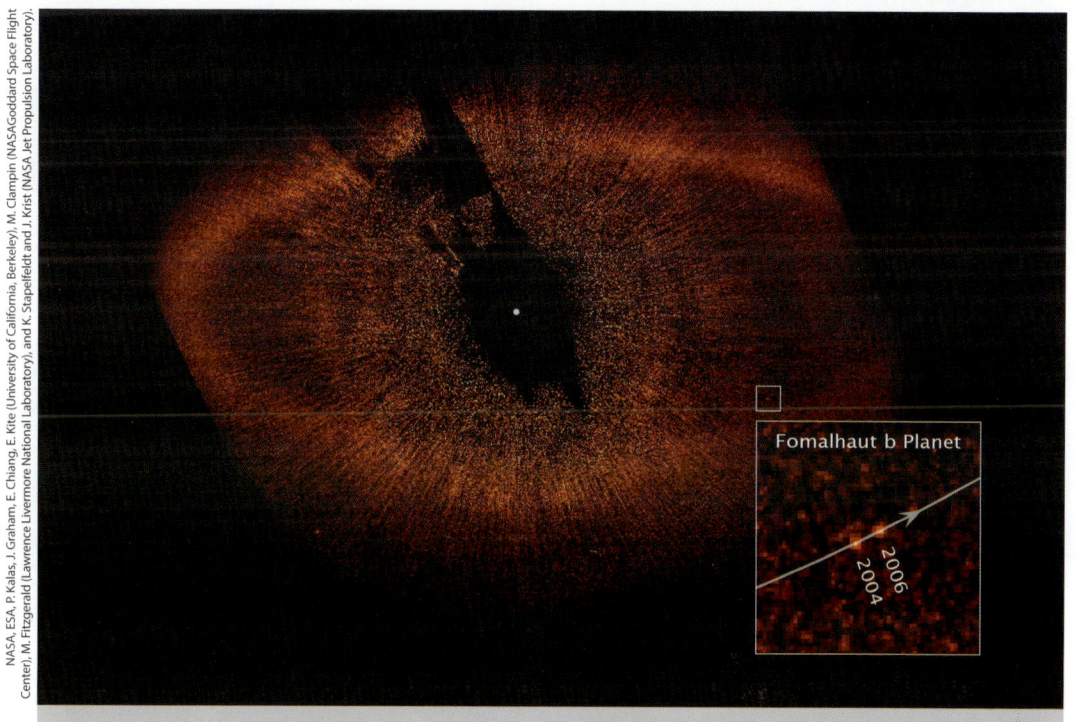

▲ **Figura 2.9** – Estrela Fomalhaut (HD 216956), seu disco protoplanetário, planeta Fomalhaut b.

A formação dos planetas internos e dos asteroides

Os primeiros compostos condensados na região dos planetas terrestres foram os metais refratários, como os elementos do grupo da platina. Em seguida, com a progressiva diminuição da temperatura, formaram-se óxidos mistos de alumínio e cálcio, seguidos de silicatos de alumínio e cálcio e de magnésio e ferro até que, finalmente, foi condensada a liga metálica de ferro e níquel. Com o resfriamento progressivo do disco, esses compostos formaram as partículas sólidas, que participaram da acreção.

Após a consolidação dos planetas, ainda restaram vários corpos que não foram incorporados a eles e ficaram circundando pelo espaço em órbitas desestabilizadas pela ação gravitacional dos corpos maiores. Esse período durou centenas de milhões de anos e foi caracterizado por intenso bombardeamento em planetas e satélites. É muito provável que os derrames de lava nas superfícies planetárias, decorrente dos impactos, formaram oceanos de magma. Entretanto, no caso da Terra é possível que os primeiros fragmentos de crosta, ainda sobreviventes, tenham sido formados há cerca de 4 bilhões de anos.

Quadro 2.3 – Acreção

Denomina-se acreção o processo de aglutinação de matéria na formação dos planetas e satélites. No princípio, as colisões ocorrem entre grãos, mas gradativamente o aglomerado vai aumentando o tamanho e a massa. À medida que a massa do aglomerado cresce, seu campo gravitacional aumenta e as colisões se tornam mais frequentes. Assim se formaram os planetésimos, corpos com diâmetros maiores que 1 km (**Figura 2.10**). O processo prosseguiu com formação de outra geração de corpos com diâmetros entre dezenas e centenas de quilômetros. A partir desse momento, os planetésimos maiores começaram a atuar como grandes coletores, atraindo pela ação gravitacional os corpos que estavam nas suas redondezas.

Simulações por computador indicam a possibilidade de que, nas fases finais de acreção dos corpos que originaram os quatro planetas rochosos, havia cerca de 100 corpos planetésimos com dimensões da Lua, dez do tamanho de Mercúrio e de três a cinco com as dimensões de Marte. Vênus e a Terra incorporaram a maioria desses corpos, já que Marte e Mercúrio são bem menores.

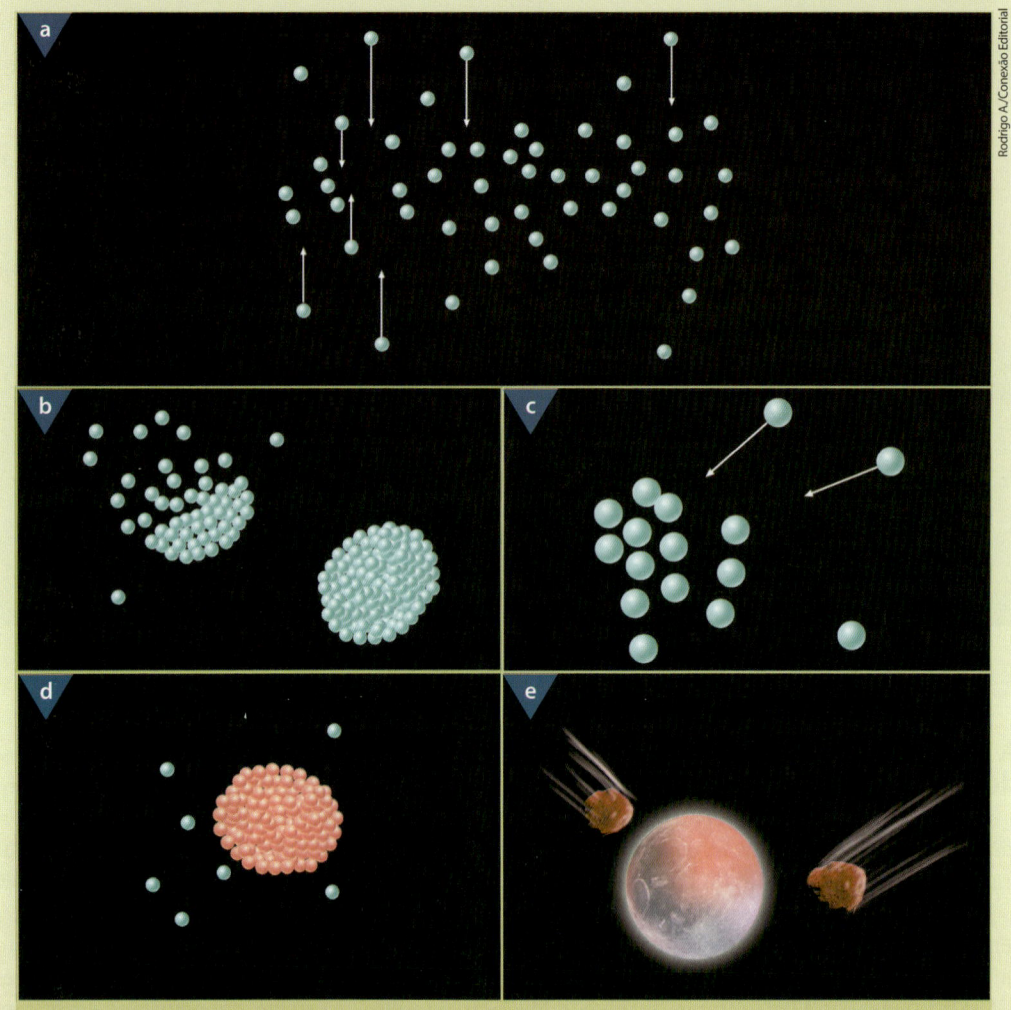

▲ **Figura 2.10** – (a) Acreção de partículas centimétricas; (b) colisões com a formação de corpos com diâmetros de até algumas dezenas de quilômetros; (c) acreção gravitacional com formação de corpos com diâmetros entre 10-100 km; (d) fusão de corpos planetesimais pelo aumento de temperatura em corpos com raios acima de 100 km; (e) aquecimento em virtude das colisões.

Os satélites dos planetas internos e a origem da Lua

Mercúrio e Vênus não possuem satélites, enquanto que os dois satélites de Marte são pequenos e se parecem muito com asteroides (**Figura 2.11**). Por causa da proximidade de Marte ao cinturão de asteroides, é provável que seus dois satélites sejam asteroides capturados pelo planeta. As forças de maré de Marte sobre o satélite Fobos estão encolhendo sua órbita. Em um futuro distante, Fobos poderá chocar-se com a superfície marciana.

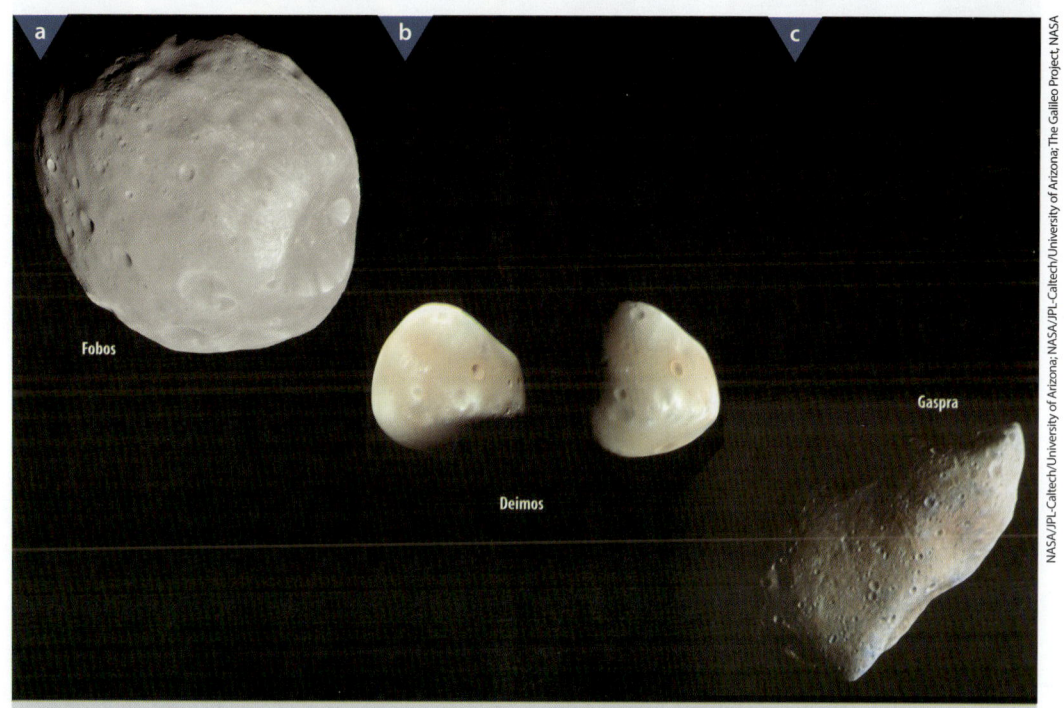

▲ **Figura 2.11** – Imagens na mesma escala (a) do maior satélite marciano, Fobos (28 km × 23 km × 20 km), (b) de Deimos e, para comparação, em (c), do asteroide Gaspra. O diâmetro da grande cratera Stickney, vista no canto inferior direito, de Fobos, é de aproximadamente 10 km. Há inúmeras outras crateras menores, algumas delas muito pequenas, com diâmetros de dezenas de metros.

Por outro lado, a Lua é relativamente grande e sugere que o evento que criou a Terra e a Lua seja diferente dos que originaram os outros planetas internos.

Segundo a hipótese atualmente mais aceita, na fase final de consolidação da dos planetas teria ocorrido uma colisão entre o protoplaneta Terra e outro corpo celeste com tamanho aproximado ao de Marte (**Figura 2.12**). A Terra teria incorporado parcialmente o núcleo e o manto do bólido, enquanto a outra parte dele teria se espalhado pelos arredores da Terra. A força gravitacional terrestre concentrou esse material que acabou formando a Lua. A Terra teria ficado, pelo menos, parcialmente fundida na forma de uma liga de ferro, níquel e sulfeto desses dois elementos que, por ser muito densa, deve ter migrado para o centro do planeta. Durante esse processo, que pode ter durado poucas dezenas de milhões de anos, a liga metálica líquida e os sulfetos em fusão teriam trocado elementos químicos com os silicatos fundidos. Os elementos com maiores afinidades com a liga e/ou com sulfetos foram sequestrados pelo núcleo. Prováveis exemplos desses elementos são ouro, platina e irídio, cujas concentrações na Nebulosa Solar já eram pequenas. Esses elementos ficaram ainda mais escassos nas rochas silicáticas da Terra, especialmente na crosta continental. Por outro lado, na crosta continental atual houve concentração de elementos alcalinos e alcalino-terrosos, como sódio, potássio e rubídio.

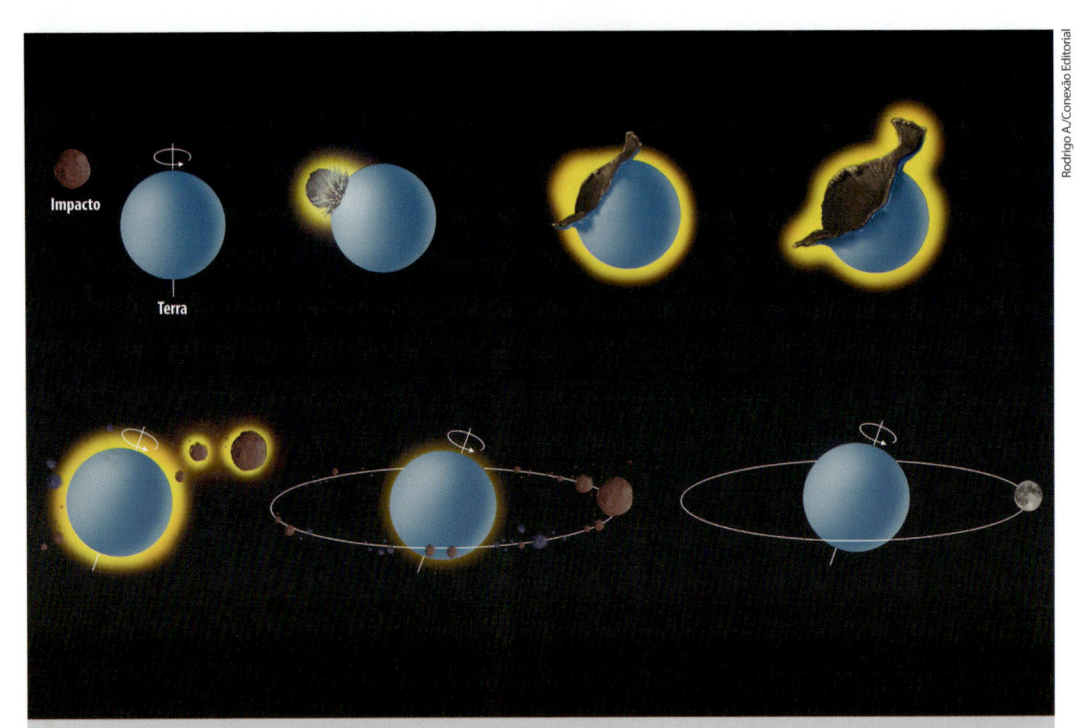

Figura 2.12 – Diagrama esquemático das etapas da formação do sistema Terra-Lua. Há 4,5 bilhões de anos, um corpo planetário com as dimensões de Marte chocou-se com a Terra nos estágios finais de formação. Uma fração dos detritos entrou em órbita em torno da Terra e foi agregado pela ação gravitacional, formando a Lua. Esse processo pode ter sido relativamente breve.

A origem dos planetas gasosos

Se as dúvidas sobre as estruturas internas dos planetas gigantes são muitas, não é de se estranhar que as incertezas acerca de suas origens sejam maiores ainda. Basicamente, há duas teorias que competem. Uma propõe que os planetas se formaram de crescimento lento de gases congelados e material rochoso, seguido de acreção rápida de gás nos arredores do planeta em formação. A outra possibilidade seria que glóbulos densos de gás se formaram nos braços espirais do disco protoplanetário, crescendo em massa e densidade até formar um planeta gigante. Esse processo é bem eficiente e permite a formação de planetas gigantes em escala de tempo inferior ao previsto para a desintegração do disco protoplanetário pela intensa radiação estelar.

A evolução dos planetas terrestres

A alta densidade média encontrada nos planetas terrestres (ou rochosos) e na Lua seria praticamente a única propriedade comum a esse grupo. Observações das suas superfícies, inclusive das atmosferas, oceanos e calotas polares, quando existentes, e da crosta rochosa externa, mostram que eles são bem diferentes.

As superfícies da Lua e de Mercúrio são dominadas por crateras de impacto de todas as dimensões (**Figura 2.13**). Na Lua, as maiores exibem preenchimento por rochas vulcânicas semelhantes aos basaltos da Terra. Enquanto as Terras Altas (ou continentes) apresentam rochas com idades de até 4,6 bilhões de anos, considerada como a idade de formação dos planetas internos, as rochas de grandes erupções vulcânicas têm idades entre 3,8 e 3,2 bilhões de anos, que corresponde às idades das rochas mais antigas da Terra. A frequência dos grandes impactos sobre a Terra e a Lua diminuiu acentuadamente durante o intervalo de 4,6 e 3,8 bilhões de anos.

Dados recentes da sonda Messeger (NASA) revelam indícios de aberturas de fendas vulcânicas ao longo das margens da Bacia Caloris, uma das maiores e mais jovens bacias de impacto do

Sistema Solar. A bacia foi formada a partir de um impacto de um asteroide ou cometa durante um período de intenso bombardeio nos primeiros bilhões de anos de história do Sistema Solar. Tal como aconteceu com os mares lunares, um período de atividade vulcânica seguido ao impacto produziu fluxos de lava que encheram o interior da bacia. Supõe-se que o material escuro presente nas demais crateras de Mercúrio também seja vulcânico.

▲ **Figura 2.13** – Imagens da superfície dos planetas rochosos (ou terrestres) (a) e da Lua (b).

Marte conserva regiões com crateras e outras com evidências de processos mais recentes, inclusive vulcanismo, que produziram coberturas de soterramento ou modificaram os terrenos mais antigos. É provável que a presença pretérita de água em Marte tenha esculpido várias das formas morfológicas hoje observadas. Teriam sido depositadas camadas sedimentares com fragmentos rochosos retrabalhados que, durante o transporte pela superfície, sofreram arredondamento. Além disso, foram formados minerais cujas composições químicas exigem a presença da água, e a cor avermelhada da superfície do planeta parece ser resultante da oxidação do ferro.

Em alguns aspectos, Marte constitui um planeta extravagante, pois possui grandes vulcões como o Monte Olimpo e o gigantesco cânion do Vale Marineris, com mais de 4 000 km de extensão e profundidade média de 6 km, muito maior do que o sistema de vales de afundamento do Leste africano, do Mar Vermelho e do Oriente Médio, que ocorrem na Terra. Por outro lado, Marte não apresenta grandes cadeias montanhosas como os Andes e o Himalaia. Essa pode ser uma evidência de que o tectonismo em Marte foi muito menor que na Terra. Atualmente, a atmosfera marciana é rarefeita, o teor de oxigênio é baixíssimo e a composição química predominante é o dióxido de carbono (CO_2).

A superfície de Vênus é revelada por técnicas de radarmetria, pois sua densa atmosfera impede a passagem de luz visível. A pressão na superfície é 90 vezes maior que a terrestre no nível do mar. Rica em dióxido de carbono e nuvens de ácido sulfúrico, a atmosfera retém o calor na baixa atmosfera através do efeito estufa e dá origem à elevada, e quase homogênea, temperatura. A elevada concentração de dióxido de carbono e a presença de ácido sulfúrico podem ter resultado simultaneamente da atividade vulcânica e da perda de água decorrente do aquecimento. Há regiões de terras altas, cuja origem não é bem conhecida.

Finalmente, o planeta azul Terra apresenta extensas cadeias montanhosas, longos alinhamentos de vulcões, centros de terremotos, atmosfera rica em oxigênio e água abundante na superfície e com vida diversificada nos oceanos e sobre os continentes. O panorama atual da Terra é o único no Sistema Solar.

Por outro lado, no passado geológico a Terra era muito diferente. Por exemplo, entre cerca de 3,5 bilhões até 600 milhões de anos passados, praticamente não havia muito oxigênio na atmosfera e a vida era restrita a formas muito primitivas, que sobreviviam no mar. Os organismos marinhos mais evoluídos só apareceram em torno de 550 milhões de anos atrás e só passaram a ocupar os continentes quando o oxigênio se tornou mais abundante na atmosfera, há aproximadamente 400 milhões de anos. Àquela altura, a camada de ozônio, que é essencial para proteger os organismos dos efeitos da radiação ultravioleta do Sol, já devia estar formada.

Finalmente, é possível questionar por que Marte, Vênus e a Terra tiveram evoluções tão diferentes? Marte é bem menor, resfriou mais rápido, perdeu campo magnético (que blinda a atmosfera da ação devastadora do vento solar), e sua gravidade é menor (portanto, tem mais dificuldade de reter atmosfera). Isso pode explicar algumas figuras de superfície e a perda de atmosfera. Vênus possui praticamente o tamanho da Terra, gravidade parecida, mas recebe 85% mais energia solar que a Terra, em razão da sua proximidade do Sol, e não tem campo magnético. Sua densa atmosfera é produto da ação conjunta desses fatores.

A existência de sistemas planetários no Universo

A primeira procura sistemática de planetas extrassolares, ou exoplanetas, foi documentada no final do século XVII por Christiaan Huygens (1629-1695). O início das pesquisas mais consistentes ocorreu apenas no começo do século passado, quando Edward E. Barnard descobriu uma estrela pequena e avermelhada da constelação do Ofiúco que bamboleava em torno de uma determinada posição. Esse é o comportamento que se espera quando uma estrela tem ao seu redor um ou mais corpos de massa planetária.

O primeiro exoplaneta só foi confirmado em 1995, junto à estrela 51 da constelação Pégaso. Desde então, as técnicas de observação e os instrumentos evoluíram muito. Atualmente as observações são feitas com instrumentação diversificada, variando de pequenos telescópios (11 cm de diâmetro) até satélites espaciais.

Até abril de 2013, foram catalogados 866 planetas extrassolares e 2 712 candidatos. Entre esses, nove exoplanetas estariam em uma zona habitável (região ao redor da estrela com condições de permitir água em estado líquido na superfície de um planeta que ali se encontre) e 18 necessitariam de comprovação.

Espera-se que a quantidade de exoplanetas confirmados cresça de forma exponencial em um futuro próximo. O desenvolvimento tecnológico aumenta as chances de percepção de objetos de brilhos mais débeis, e a quantidade real de exoplanetas na Via Láctea e no Universo é incalculável, já que sistemas planetários são subprodutos da formação de estrelas.

Revisão de conceitos

- O Sistema Solar foi formado a partir de uma nebulosa em rotação que contraiu, concentrando a maior parte da massa no centro, onde se formou o Sol. O restante da massa ficou em um disco circunsolar, ou protoplanetário, quente perto do Sol e frio nas bordas, onde se formaram os planetas, os satélites, os asteroides e os cometas.
- Os elementos químicos mais resistentes ao calor concentraram-se na região onde se encontram hoje os planetas internos, inclusive a Terra.
- Os elementos químicos mais voláteis se concentraram nas partes externas do disco ao redor do Sol, onde hoje se encontram os planetas gigantes gasosos e os objetos transnetunianos.
- Os meteoritos encontrados na superfície da Terra representam uma fonte indispensável de informações sobre a constituição da Nebulosa Solar e sobre os processos que formaram os planetas internos.
- Ainda desconhecemos a realidade das partes mais afastadas do Sistema Solar.

GLOSSÁRIO

Acreção: Processo de formação de planetas e outros corpos pela agregação de material do disco protoplanetário por meio da gravidade.

Cauda (cometária): À medida que o cometa se aproxima do Sol, a radiação solar aquece e sublima o material volátil do núcleo e o arrasta na direção oposta à do Sol, formando uma esteira de gases e poeira conhecida por cauda. Há pelo menos dois tipos de cauda: a retilínea, formada por gás ionizado, e a curvada, formada por gases neutros e poeira.

Cinturão Principal: Região do espaço entre Marte e Júpiter, onde se concentra a maior parte dos asteroides. Cinturão asteroidal.

Coma (cometária): Acúmulo de gases e poeira que se forma em torno do núcleo do cometa por aquecimento e sublimação do material volátil pela radiação solar. Atmosfera do cometa. Dela sai o material que forma a cauda do cometa.

Condritos: Meteoritos rochosos que apresentam côndrulos em sua constituição. Côndrulos são pequenas esférulas milimétricas de minerais ricos em silicatos como a olivina e piroxênio. Os condritos podem ser ordinários, o tipo mais numeroso, ou carbonáceos, mais raros e que apresentam elevado teor de carbono.

Disco protoplanetário: Disco circunstelar composto de gás denso e poeira que gira em torno de estrela em formação. É o disco de acreção por meio do qual o material gasoso das partes mais internas cai na superfície da estrela em formação. Nas partes mais externas desse disco formam-se os planetas e os demais objetos que circundarão a estrela já formada.

Instabilidade de disco: Processo de formação de planetas gigantes no disco protoplanetário. A autogravidade do gás altera a estrutura do disco e produz aglomerados gasosos que se transformarão em planetas gigantes. Esse processo forma um planeta em uma escala de tempo bem menor que o processo de acreção.

Meteorito: Rocha sobrevivente à passagem de um meteoroide pela atmosfera terrestre que atingiu o solo.

Meteoro: Rastro luminoso produzido pela penetração de um meteoroide na atmosfera. O atrito com a atmosfera aquece o meteoroide e vaporiza o material de sua superfície.

Meteoroide: Objeto sólido que se move no espaço. Os maiores são chamados asteroides. Quando caem na Terra, produzem meteoros. Se encontrados na superfície terrestre, eles são denominados meteoritos.

Núcleo (cometário): Estrutura sólida do cometa, composta de rocha e gases congelados. Muito rico em água congelada. Do núcleo sai o material que compõe a coma e a cauda do cometa.

Nuvem de Oort: Vasta região esférica que circunda o Sistema Solar formada de cometas. Seu tamanho real ainda não é conhecido, mas admite-se que preencha o espaço entre 1 000 e 50 000 unidades astronômicas. É dessa região que vêm os cometas de longo período (acima de 200 anos).

Planetesimais: Pequenos corpos compostos de rochas e/ou gases congelados formados nos primórdios do Sistema Solar. Blocos básicos que formaram os planetas e os satélites pela ação da gravidade. Os asteroides são exemplos de planetesimais.

Região transnetuniana: Região que se estende adiante de Netuno e formada por corpos ricos em rochas e gases congelados. Plutão e outros planetas-anões fazem parte dessa região. Cometas também habitam essa região. É comum dividir a região transnetuniana em três segmentos: Cinturão Edgeworth-Kuiper, Disco Espalhado e Nuvem de Oort.

Referências bibliográficas

CORDANI, U. G.; PICAZZIO, E. A Terra e sua origens. In: TEIXEIRA, W. et al (Orgs.). *Decifrando a Terra*. São Paulo: Companhia Editora Nacional, 2009. p. 18-49.

OLIVEIRA FILHO, K. S.; SARAIVA, M. F. O. *Astronomia e Astrofísica*. São Paulo: Livraria da Física, 2017.

PICAZZIO, E. (Ed.) *O Céu que nos envolve*. 1. ed. São Paulo: Odysseus, 2011. Distribuição gratuita disponível em: <http://www.iag.usp.br/astronomia/livros-e-apostilas>. Acesso em: 14 jan. 2019.

PRESS, F. et al. *Para entender a Terra*. 4. ed. Coordenação: R. Menegat, P.C.D. Fernandes, L.A.D Fernandes, C.C. Porcher. São Paulo: Bookman Companhia Editora, 2006.

CAPÍTULO 3
Terremotos e sismicidade no Brasil
Rômulo Machado e Marcelo Assumpção

Principais conceitos

▶ Sismos, ou terremotos, são movimentações repentinas em falhas geológicas que geram vibrações, se propagam pelo interior da Terra em todas as direções podem ser muito destrutivos.

▶ As movimentações das falhas geológicas são causadas pelo acúmulo de tensões no interior da Terra.

▶ Ondas sísmicas são vibrações produzidas pelos sismos, que se propagam em todas as direções. Podem ser longitudinais (ondas P) ou transversais (ondas S).

▶ Nas ondas longitudinais, as partículas do meio vibram na mesma direção em que as ondas se propagam, de forma análoga ao som que se propaga pelo ar.

▶ Nas ondas transversais, as partículas do meio oscilam perpendicularmente à direção de propagação da onda.

▶ Sismos interplacas são os que ocorrem por causa do contato entre duas placas (como nas zonas de subducção e *rifts* oceânicos); e sismos intraplaca são os que ocorrem no interior de uma placa tectônica.

▶ Alguns sismos podem ser disparados por interferência de obras do homem, como o enchimento de grandes lagos artificiais ou abertura de minas subterrâneas. Esses sismos são chamados induzidos.

▲ Efeitos do terremoto de Chuetsu (que atingiu a cidade de Ojiya, na província de Niigata, localizada na costa oeste do Japão), ocorrido no dia 23 de outubro de 2004. O sismo de magnitude 6,8 na escala Richter e com hipocentro localizado a uma profundidade de 45,8 km causou um prejuízo de cerca de 32 bilhões de dólares ao Japão. Estradas e pontes foram destruídas, houve liquefação do solo e vários serviços essenciais foram interrompidos, incluindo o trem-bala.

Introdução

No dia 13 de novembro de 2006, o senhor José da Silva assistia à televisão calmamente no seu apartamento quando, por volta das 22h40, percebeu o lustre da sala oscilar e sentiu uma leve tontura. Logo notou que o prédio todo estava balançando. Assustado, desceu à rua e se juntou aos outros moradores que também haviam sentido o tremor. Até os bombeiros foram chamados. Nessa noite, alguns habitantes da cidade de São Paulo testemunharam um fenômeno geológico importante. Um terremoto ocorrido no norte da Argentina, causado pela interação de duas placas tectônicas, propagou ondas sísmicas pelo interior da Terra desde o seu hipocentro até São Paulo. Essas vibrações sísmicas interagiram com a bacia sedimentar de São Paulo fazendo oscilar alguns prédios altos. Esse é o assunto tratado neste capítulo.

O que é um terremoto?

Terremoto, ou sismo, são as vibrações provocadas por uma ruptura muito rápida ocorrida ao longo de alguma falha geológica no interior da Terra. Essas vibrações se propagam em todas as direções. As rupturas ocorrem por causa do acúmulo de tensões no interior da Terra, principalmente relacionado ao movimento das placas litosféricas (ver **Capítulo 5**).

As tensões podem levar vários anos para se acumularem até atingir o limite de resistência das rochas. Quando estas não resistem mais às altas tensões, rompem-se em poucos segundos (geralmente ao longo de uma falha geológica). Cada lado da falha desliza em relação ao outro. A ruptura gera ondas sísmicas, semelhantes às vibrações que podem ser produzidas em um colchão de molas. Quanto maior for a área da superfície da ruptura, maior será a magnitude do sismo. Os efeitos destrutivos das ondas sísmicas dependem da magnitude do terremoto e da distância do epicentro. O ponto inicial da ruptura é chamado foco ou hipocentro e sua projeção na superfície é chamada epicentro. O sismo ocorrido na Argentina, esquematizado na **Figura 3.1a**, teve seu epicentro em 26ºS e 63ºW e o hipocentro a 550 km de profundidade (**Figuras 3.1b** e **3.1c.**).

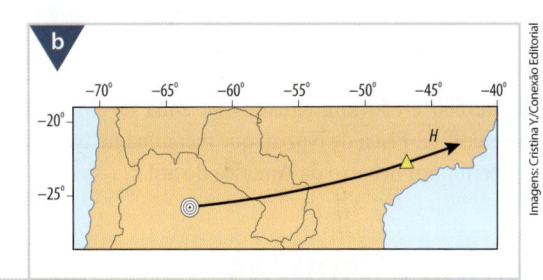

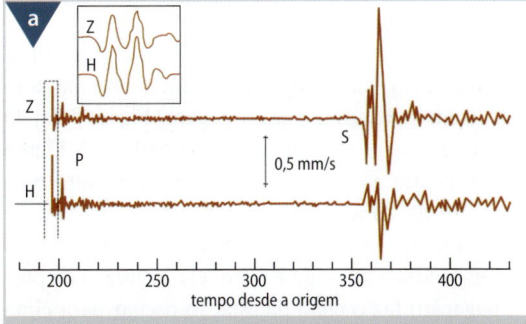

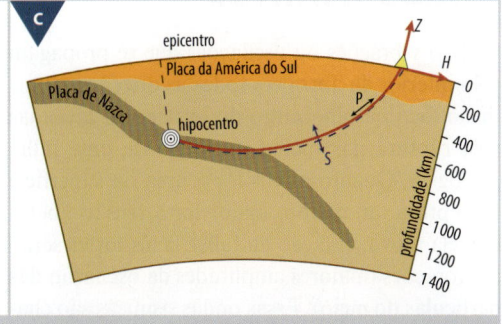

▲ **Figura 3.1** – (a) Registro do sismo da Argentina de 13 de novembro de 2006 na estação sismográfica de Valinhos (SP), componentes vertical (Z) e horizontal (H) do movimento do chão. As ondas P demoraram 195 segundos para vir do hipocentro à estação, e as ondas S demoraram 350 segundos. O quadrado mostra uma ampliação da parte tracejada das ondas P. As ondas S desse sismo provocaram oscilação de alguns prédios altos da cidade de São Paulo e assustaram os moradores. (b) Mapa de localização do epicentro (círculos concêntricos) e a estação de Valinhos (triângulo). (c) Perfil com o hipocentro na zona de subducção dos Andes e as trajetórias das ondas longitudinais P (linha contínua) e das ondas transversais S (linha tracejada) desde o hipocentro até a estação. Z e H indicam as componentes vertical e horizontal do movimento do chão na estação.

Embora terremotos destrutivos ocorram apenas algumas vezes por ano, centenas de terremotos ou sismos menores ocorrem diariamente em todo mundo sem causar danos. A grande maioria tem baixa magnitude ou ocorre com epicentro no mar, longe de regiões habitadas, e não é percebida. A maior parte dos sismos ocorre em regiões de borda de placas tectônicas (ver **Capítulo 5**) em profundidades de até 50 km e é causada pelo deslizamento repentino entre duas placas litosféricas. Os terremotos de grande magnitude ocorrem nesse contato entre duas placas com movimento convergente. O maior terremoto já registrado no mundo ocorreu no sul do Chile em 1960, com magnitude 9,5, e foi causado pelo contato entre a Placa de Nazca e a da América do Sul. As profundidades dos sismos podem atingir até 650 km. Os sismos mais profundos distribuem-se em uma zona que mergulha rumo ao manto e mostram a região onde uma placa oceânica mergulha por debaixo de outra placa. Essa zona é conhecida como Zona de Wadati-Benioff, nome dado em homenagem aos sismólogos Kiyoo Wadati (Japão) e Hugo Benioff (Estados Unidos) que, de forma independente, a reconheceram pela primeira vez (ver **Capítulo 5**, **Figuras 5.18** e **5.21** a **5.24**). No Acre, por exemplo, ocorrem sismos frequentes com profundidades de hipocentro entre 600 e 650 km, situados na zona de Wadati-Benioff da Placa de Nazca, que mergulha no manto superior por debaixo da América do Sul.

Embora mais de 90% da energia das tensões geológicas sejam liberadas por sismos em borda de placas, as regiões distantes dos limites das placas tectônicas também podem ter sismos, que são bem menos frequentes e de magnitudes menores. Nessas regiões, referidas como intraplaca, os sismos têm pequenas profundidades, raramente chegam a 40 km, e correspondem a pequenas rupturas na crosta superior. Nenhuma região intraplaca está totalmente isenta de pequenos tremores. Entretanto, alguns desses sismos podem atingir grandes magnitudes, como o terremoto que ocorreu em 2001, a oeste da Índia, região de Gujarat, com magnitude 7,9 na escala Richter, que deixou um saldo catastrófico de 20 mil mortos e 160 mil feridos.

Alguns sismos podem ser "induzidos" pela intervenção do homem na natureza, como a construção de grandes represas hidrelétricas (pela penetração de água sob alta pressão em fraturas potencialmente sísmicas abaixo do reservatório) ou em minerações subterrâneas (pela alteração das tensões do maciço rochoso causada pela escavação). Contudo, esses sismos possuem também pequenas magnitudes. No Brasil, quase vinte represas hidrelétricas já provocaram sismos e os de maiores magnitudes chegaram a causar pequenas trincas em paredes de casas da região rural.

Ondas sísmicas

São vibrações ou oscilações que se propagam pelo interior da Terra em todas as direções, a partir do foco ou hipocentro do terremoto, causadas pela ruptura das rochas ao longo de uma falha geológica. Quanto maior for a área da superfície de ruptura, ou quanto maior for a tensão liberada pela movimentação da falha, mais fortes serão as vibrações (maiores amplitudes da oscilação das partículas do meio). Essas ondas sísmicas são chamadas "elásticas", pois, ao se propagarem pelas rochas, as vibrações causam deformações no meio (variação de volume ou de forma) que desaparecem logo após a passagem das ondas, como acontece em um colchão de molas.

Existem dois tipos fundamentais de ondas: longitudinais (ou primárias, ondas P) e transversais (ou secundárias, ondas S). Nas ondas longitudinais, as partículas do meio vibram na mesma direção em que as ondas se propagam (**Figura 3.2a**). O som que se propaga no ar é uma onda P. A **Figura 3.1** mostra as ondas P e S de um terremoto profundo da Argentina registradas em uma estação sismográfica no estado de São Paulo. A vibração longitudinal da onda P (paralela à direção de propagação) faz o chão da estação oscilar para cima (componente Z no detalhe do sismograma) e para frente (componente H) ao mesmo tempo, ou para baixo e para trás (**Figuras 3.1a** e **3.1c**). Nas ondas transversais (ondas S), as partículas do meio oscilam perpendicularmente à direção de propagação da onda. Isso também pode ser visto na **Figura 3.1a** com as componentes Z e H da onda S, defasadas.

As ondas P possuem velocidade de propagação maior do que as ondas S, sendo, portanto, as primeiras registradas nos sismógrafos. As ondas P se propagam através de meios sólidos, líquidos ou gasosos. Já as ondas S se propagam apenas em meios sólidos. As velocidades de propagação das ondas sísmicas P e S dependem apenas do tipo de rocha, independentemente da amplitude ou da frequência das vibrações, assim como a velocidade do som no ar (onda P) é fixa, de 340 m/s (ver exercício 1, no final do capítulo).

A propagação das ondas P se dá pela alternância entre compressões e dilatações consecutivas do material elástico, que acompanham as mudanças de volume do material. As ondas S se propagam apenas em meio sólido, com as partículas oscilando perpendicularmente à direção de propagação (**Figura 3.2b**). Isso pode ser exemplificado pelo movimento ondulatório de uma corda, quando uma de suas extremidades é fixada. Nesse caso, ocorre um movimento de "cisalhamento" perpendicular à direção de propagação das ondas.

Dois outros tipos especiais de ondas sísmicas são muito comuns: as ondas de superfície Love (**Figura 3.2c**) e *Rayleigh* (**Figura 3.2d**), que se propagam junto à superfície, cujas vibrações diminuem rapidamente com a profundidade. Nas ondas Love, as partículas vibram na direção horizontal perpendicular à da propagação das ondas; é um modo especial de propagação de ondas S polarizadas horizontalmente e restritas às camadas mais superficiais da Terra. Nas ondas *Rayleigh*, por outro lado, as partículas oscilam em um plano vertical descrevendo uma elipse (esse movimento é parecido com as ondas do mar). As ondas *Rayleigh* são um modo especial de propagação por interferência construtiva de ondas P e S refletidas nas camadas mais rasas da Terra. As ondas de superfície têm velocidades de propagação menores do que as ondas P e S. No caso de terremotos rasos, as ondas de superfície podem ter amplitudes muito grandes e, portanto, forte efeito de destruição.

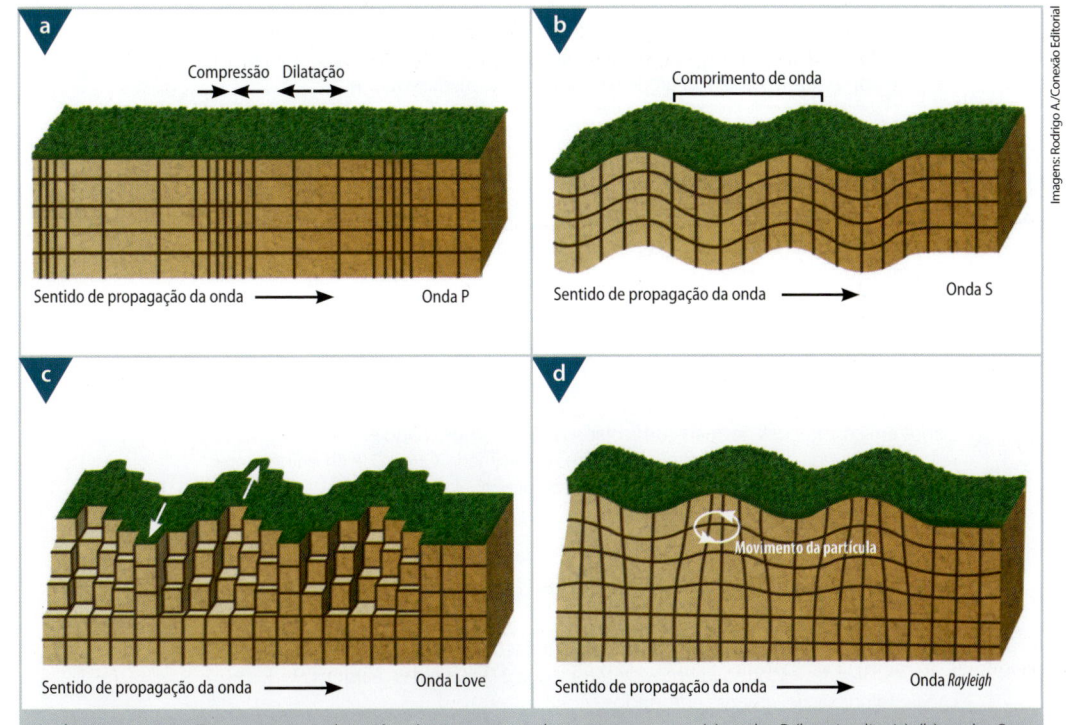

▲ **Figura 3.2** – Tipos principais de ondas sísmicas associadas aos terremotos: (a) ondas P (longitudinais); (b) ondas S (transversais); (c) ondas Love (L) e, (d) ondas *Rayleigh* (R). Nas ondas P, as partículas vibram no mesmo sentido de propagação das ondas; nas ondas S, essa vibração é perpendicular à direção de propagação das ondas; as ondas L e R são tipos especiais de ondas sísmicas que se propagam junto à superfície e suas vibrações diminuem rapidamente com a profundidade. Nas primeiras, a vibração das partículas se dá no plano horizontal, que é perpendicular à direção de propagação das ondas, enquanto nas últimas, essa vibração ocorre no plano vertical onde cada partícula oscila segundo um movimento elíptico. Nesse tipo de onda há uma combinação de ondas P e S.

Escalas de medidas dos terremotos

Intensidade Mercalli

Uma maneira de se medir a intensidade de um sismo ou terremoto é pelo tipo de efeito que ele causa. A classificação mais utilizada para os efeitos de um sismo é a chamada "Escala Mercalli", com graus que variam de I a XII, conforme os efeitos nas pessoas, nas construções e na própria natureza. Portanto, é uma escala que não envolve medida direta com instrumentos, mas apenas classifica a intensidade das vibrações segundo a percepção do ser humano e os estragos causados. Apesar de se tratar de uma escala com certo grau de subjetividade, é importante no estudo dos sismos "históricos", ou seja, dos sismos que não foram registrados por sismógrafos (exemplo, **Figura 3.3**).

A **Tabela 3.1** resume a descrição dos principais efeitos dos terremotos segundo a escala Mercalli Modificada (MM) e os valores aproximados da aceleração do movimento[1] do chão.

Tabela 3.1 – Escala de Intensidade Mercalli Modificada (abreviada)		
Grau	Descrição dos efeitos	Aceleração (g)
I	Não é sentido. Leves efeitos de período longo de terremotos grandes e distantes.	
II	Sentido por poucas pessoas paradas, sentido em andares superiores ou em locais favoráveis.	<0,003
III	Sentido dentro de casa. Alguns objetos pendurados oscilam. Vibração parecida à passagem de um caminhão leve. Algumas pessoas sentem quantos segundos durou o tremor. Pode não ser reconhecido como um abalo sísmico.	0,004 – 0,008
IV	Objetos suspensos oscilam. Vibração parecida à de um caminhão pesado. Janelas, louças e portas fazem barulho. Paredes e estruturas de madeira rangem.	0,008 – 0,015
V	Sentido fora de casa; algumas pessoas percebem de onde vêm as vibrações. Pessoas acordam. Líquido em recipiente é perturbado. Objetos pequenos e instáveis são deslocados. Portas oscilam, fecham e abrem.	0,015 – 0,04
VI	Sentido por todos. Muitos se assustam e saem às ruas. Pessoas andam sem firmeza. Janelas e louças são quebradas. Objetos e livros caem das prateleiras. Reboco fraco e construção de má qualidade racham.	0,04 – 0,08
VII	Difícil manter-se em pé. Objetos suspensos vibram. Móveis quebram. Danos em construção de má qualidade e formam-se algumas trincas em construção normal. Queda de reboco, ladrilhos ou tijolos mal assentados e telhas. Ondas em piscinas. Pequenos escorregamentos de barrancos arenosos.	0,08 – 0,15
VIII	Danos em construções normais com colapso parcial. Algum dano em construções reforçadas. Queda de estuque e alguns muros de alvenaria. Queda de chaminés, monumentos, torres e caixas-d'água. Galhos das árvores quebram-se. Trincas aparecem no chão.	0,15 – 0,3
IX	Pânico geral. Construções comuns são bastante danificadas, às vezes ocorre colapso total. Danos em construções reforçadas. Tubulação subterrânea é quebrada. Rachaduras visíveis no solo.	0,3 – 0,6
X	A maioria das construções é destruída até as fundações. Danos sérios a barragens e diques. Grandes escorregamentos de terra. Água é lançada nas margens de rios e canais. Trilhos são levemente entortados.	0,6 – 1
XI	Trilhos são bastante entortados. Tubulações subterrâneas são completamente destruídas.	~1 – 2
XII	Destruição quase total. Grandes blocos de rocha são deslocados. Topografia e níveis são alterados. Objetos são lançados ao ar.	~ 2

---

1 A Escala Mercalli original é do século XIX. Em 1931, A. Neumann modificou as descrições dos efeitos característicos de cada grau da escala e a chamou de Escala Mercalli Modificada, comumente abreviada por "MM".

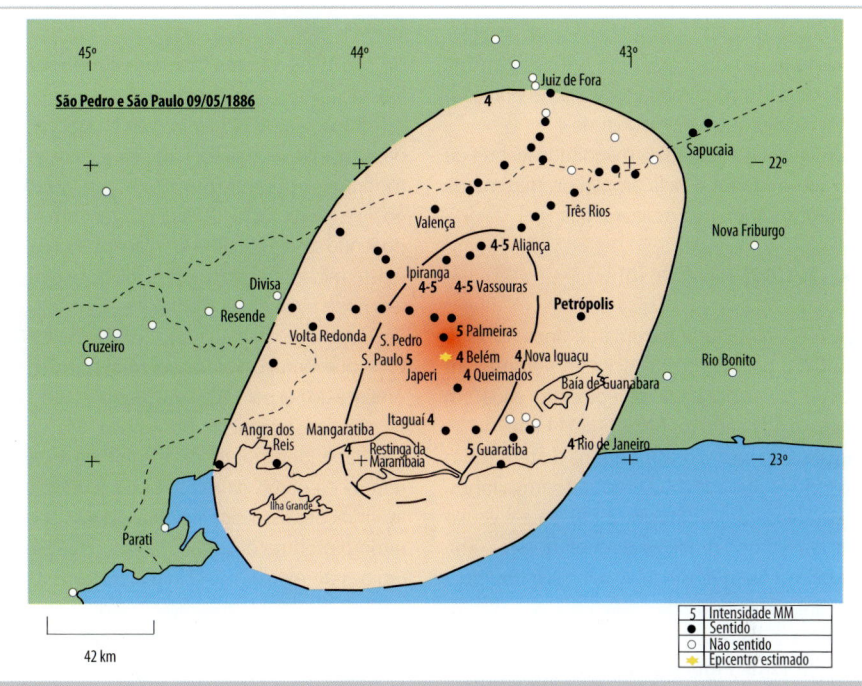

▲ **Figura 3.3** – Mapa de intensidades do terremoto do Rio de Janeiro de 9 de maio de 1886. Segundo notícias de jornais da época, o sismo chegou a provocar pequenas trincas na área do epicentro. Esse terremoto foi sentido pelo imperador d. Pedro II em seu palácio de Petrópolis. O interesse de D. Pedro pelo fenômeno foi tanto que ele enviou uma pequena comunicação à principal revista científica da época, a *Compte Rendus,* da Academia de Ciências de Paris. Os números no mapa indicam intensidades na escala Mercalli Modificada (MM); pontos pretos são locais onde o abalo foi sentido e pontos brancos onde não foi sentido. A estrela representa o epicentro estimado pela distribuição das intensidades.

Como a intensidade das vibrações de um sismo depende da distância do seu hipocentro, um sismo relativamente pequeno, mas raso, pode causar sérios danos bem próximo ao epicentro (grande intensidade). Da mesma forma, sismos maiores, como os sismos profundos do Acre, podem não causar dano algum na superfície (baixa intensidade) por ter o foco muito profundo. Assim, a escala Mercalli não é muito apropriada para medir o "tamanho" de um sismo, ou seja, a energia total liberada pela ruptura. Para isso usa-se a "escala de magnitude", desenvolvida originalmente em 1935 pelo sismólogo Charles Francis Richter, na Califórnia (EUA).

Quadro 3.1 – Magnitude Richter

A energia transportada por uma onda depende da amplitude da sua oscilação (A) e do seu período (T). A amplitude de uma onda é o valor máximo da oscilação, podendo ser expressa em mícrons (μm; 1 mícron equivale a 1 milésimo de milímetro). O período corresponde ao tempo que uma oscilação leva entre dois máximos. A energia transportada pela onda é proporcional a $(A/T)^2$.

A amplitude da onda também varia com a distância do epicentro. A escala de magnitude Richter usa a amplitude máxima de uma onda sísmica (geralmente a onda P, ou a de superfície *Rayleigh* por serem mais facilmente observadas) e faz uma correção para levar em conta a atenuação da onda entre o foco e a estação onde foi medida. Como as oscilações das ondas sísmicas variam desde milionésimos de mícrons (10^{-9} mm) até vários centímetros, torna-se inviável sua representação em uma escala linear. Desse modo, utiliza-se uma escala logarítmica (base 10), onde cada unidade acima na escala representa um aumento de dez vezes na amplitude das ondas. Portanto, um sismo de magnitude 5, por exemplo, causa vibrações com amplitudes dez vezes maiores do que um de magnitude 4 (observado na mesma distância); um de magnitude 6 teria vibrações cem vezes maiores que o de magnitude 4.

Uma maneira de se medir a magnitude Richter de um terremoto distante é pela amplitude máxima da onda *Rayleigh*, usando a fórmula a seguir:

$$M = \log(A/T) + 1{,}66 \log(\Delta) + 3{,}3 \quad (1)$$

onde *A* é a amplitude máxima da onda *Rayleigh* (em μm), *T* é o período desta oscilação máxima (em segundos) e *Δ* é a distância do epicentro dada em graus (medida no centro da Terra, 1° = 111 km).

A **Figura 3.4** mostra o sismograma do terremoto do Peru de 15 de agosto de 2007, registrado em Valinhos, a 3 300 km de distância (**Figura 3.4a**). Para calcular a magnitude Richter, mede-se a amplitude máxima de oscilação da onda *Rayleigh*, A = 4,7 mm (ou seja, A= 4 700 μm), e o período da onda, T = 19s. A distância de 3 300 km corresponde um ângulo Δ = 29,7° no centro da Terra (**Figura 3.4b**), ou seja, é o valor angular entre o epicentro do sismo e a estação de registro. Assim, a fórmula (1) dá a magnitude do terremoto com sendo 8,2. Esse terremoto foi registrado em centenas de estações do mundo todo e a média de todos os valores de magnitude foi 8,0 (Veja o Exercício 2, no final do texto).

A magnitude Richter pode ser relacionada à quantidade total de energia liberada pela ruptura. A **Tabela 3.2** mostra a relação entre magnitude, tamanho da ruptura e energia. A magnitude Richter não tem um limite inferior, podendo ser até negativa. O limite superior da magnitude é determinado, na prática, pela maior ruptura que a litosfera pode ter. A maior magnitude já medida até hoje foi de 9,5, para o superterremoto de maio de 1960 no sul do Chile, que rompeu o contato entre as placas de Nazca e da América do Sul por 1 000 km ao longo da costa.

As consequências destrutivas das ondas sísmicas dependem tanto da magnitude e distância do terremoto como da natureza do terreno que recebe as vibrações. Isso significa dizer que um mesmo terremoto produz consequências menos desastrosas em regiões de rochas "mais duras" (cristalinas) do que em regiões de rochas "mais moles" (sedimentares) ou solo. Por exemplo, fortes terremotos gerados nos Andes são frequentemente sentidos em prédios altos na cidade de São Paulo, que entram em oscilação ressonante. Uma das razões para esse fenômeno é a amplificação e reverberação das ondas sísmicas ao entrarem nas camadas de rochas sedimentares da Bacia de São Paulo.

Tabela 3.2 – Relação entre magnitude (M), extensão da ruptura (L), energia liberada em Joule (J) por um terremoto e a energia (E) produzida pela usina de Itaipu					
M magnitude	A amplitude a 50 km	L (km) comprimento da ruptura	D deslocamento da falha	Energia (J)	Tempo p/ Itaipu gerar a energia (a 12 000 MW)
9	1 m	400	10 m	$1{,}6 \cdot 10^{18}$	4,5 anos
7	1 cm	30	1 m	$2{,}1 \cdot 10^{15}$	2 dias
5	0,1 microns	5	1 cm	$2{,}8 \cdot 10^{12}$	4 min
3	0,1 microns	1	1 mm	$3{,}6 \cdot 10^{9}$	0,3 s

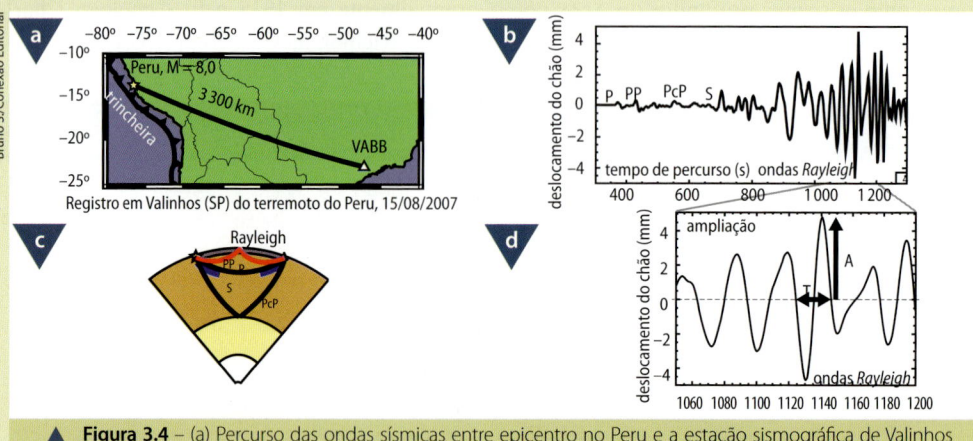

▲ **Figura 3.4** – (a) Percurso das ondas sísmicas entre epicentro no Peru e a estação sismográfica de Valinhos (VABB), em São Paulo. (b) Sismograma com as várias ondas registradas na estação de Valinhos. (c) Trajetórias das ondas vistas no sismograma. (d) Detalhe da parte das ondas de superfície usada no cálculo da Magnitude.

Origem e distribuição dos terremotos

O acúmulo de tensões que causa os terremotos se origina basicamente da movimentação das placas litosféricas (ver **Capítulo 5**). É na região limítrofe entre duas placas que as tensões se acumulam mais rapidamente e provocam terremotos mais frequentes e maiores rupturas. Pequenos tremores também podem ocorrer associados à atividade vulcânica (causados pela movimentação de magma dentro da câmara magmática) ou pela dissolução subterrânea de rochas (ação das águas subterrâneas sobre calcários na formação de cavernas). Daremos ênfase aos terremotos produzidos pela interação das placas litosféricas, pois, além de serem os mais numerosos, seus efeitos são geralmente mais devastadores.

Considerando-se que as placas litosféricas se movimentam lateralmente de 1 a 10 cm/ano, o contato entre placas vizinhas (em movimentos de aproximação ou de afastamento) são regiões onde ocorrem deformações e, portanto, são também regiões de acúmulo de grandes tensões. Além disso, durante a aproximação (convergência) de uma placa oceânica (mais densa) e outra continental (mais leve), a placa oceânica mergulha por debaixo da continental, por causa de sua maior densidade (ver **Capítulo 5**, **Figuras 5.20** a **5.22**). O movimento de descida da placa oceânica não é uniforme e contínuo, mas ocorre "aos trancos", pois ele é deflagrado quando é rompida a estabilidade do contato (determinada pelo atrito entre as duas placas), com liberação das tensões acumuladas. Quando o acúmulo de tensões atinge o limite de resistência (atrito) das rochas, ocorre a movimentação dos blocos de um lado e de outro do plano de falha (ou de fratura). Em geral, o plano de ruptura coincide com uma fratura ou falha geológica preexistente e, portanto, corresponde ao plano de menor resistência ao deslizamento de um lado em relação ao outro da falha.

Nota-se que a distribuição dos terremotos na superfície terrestre coincide com a das cadeias de montanhas e vulcões ativos (**Figura 3.5**), que sugere uma relação entre esses três fenômenos com o mesmo processo tectônico, o movimento das placas litosféricas. Na região de cadeias meso-oceânicas, as placas se afastam umas das outras (limite divergente). Essa movimentação de abertura oceânica pode ser forçada pela injeção sucessiva de magmas, que ascendem ao longo do eixo dessas cadeias. Em outros casos, forças atuantes em outras partes das placas podem originar outras aberturas na cadeia meso-oceânica e gerar descompressão e permitir ascensão de magma. Em qualquer caso há acúmulo de

▲ **Figura 3.5** – Representação da distribuição global de epicentros de sismos com magnitude ≥ 4,0 na escala Richter (o pontilhado amarelo corresponde ao limite das placas tectônicas), ocorridos no período de 1980 e 1996.

tensões, que provocam terremotos com predomínio de um ambiente de tectônica extensional. Esse regime tectônico favorece a formação de estruturas com o abatimento de sua parte central, com formação de fossas (*grabens*) e elevações (*horsts*) das regiões adjacentes.

Sismicidade do Brasil

Como vimos, a sismicidade alta ocorre, em geral, nos limites das placas. Como o território brasileiro situa-se no interior da Placa Sul-americana (**Figura 3.6**), a natureza dos sismos esperados é do tipo intraplaca, o que configura uma região de sismicidade relativamente baixa. Os sismos gerados são rasos (< 40 km) e a grande maioria ocorre na crosta superior a menos de 10 km de profundidade. As magnitudes quase sempre são baixas, quando comparadas com outras regiões sísmicas do planeta. Contudo, isso não significa que no Brasil não possa ocorrer algum sismo de magnitude considerável, a exemplo do que já houve em outras regiões situadas no interior de placas, como em Nova Madri (Missouri, EUA), em 1811 e 1812, e em Gujarat (oeste da Índia), em 2001. As magnitudes desses abalos foram perto de 8,0 na escala Richter. Embora sejam possíveis, os grandes terremotos intraplaca são extremamente raros.

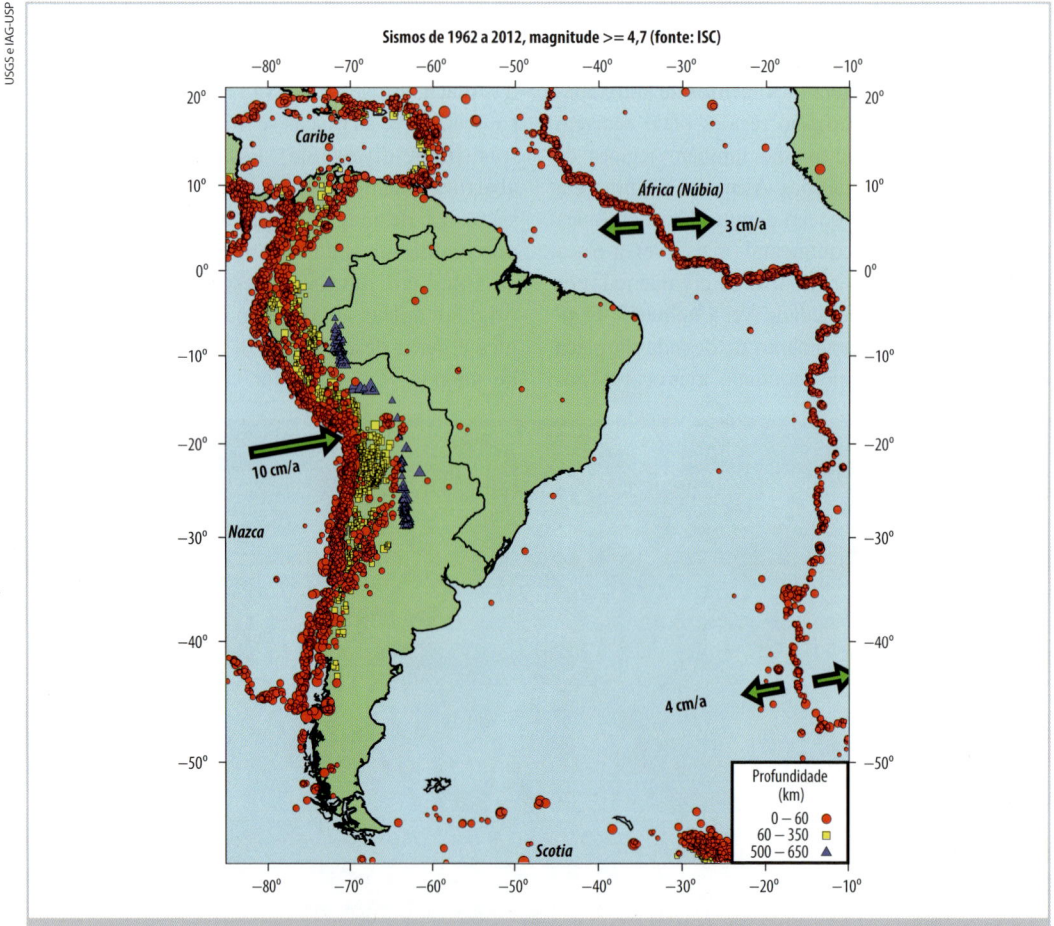

▲ **Figura 3.6** – Sismos na Placa da América do Sul. Os sismos mais profundos (triângulos azulados) estão mais afastados da costa por causa da inclinação da Placa de Nazca, que mergulha por debaixo da América do Sul. Os sismos das cadeias meso-atlânticas (círculos vermelhos) são sempre rasos, assim como os sismos intraplaca no Brasil (Fonte: U.S. Geological Survey e IAG-USP). São separados três grupos de sismos, em função de sua profundidade focal: (1) rasos (< 60 km), (2) intermediários (60 a 350 km) e (3) profundos (500 a 650 km).

No Brasil, somente a partir da década de 1970, com a expansão da rede sismográfica no país, é que se passou a considerar definitivamente nosso território como uma região sujeita à atividade sísmica. Uma importante radiografia dos sismos do Brasil foi conduzida pelo Instituto de Astronomia, Geofísica e Ciências Atmosféricas da USP, baseada tanto em documentos históricos e depoimentos pessoais como em registros sismográficos (**Figura 3.7**). Nota-se grande concentração de sismos na Região Nordeste, mais especificamente nos estados do Ceará e Rio Grande do Norte. A Região Sudeste, principalmente na plataforma continental, também é relativamente sísmica. Destaca-se ainda grande concentração de sismos nas regiões do Pantanal Mato-grossense, parte norte do estado de Mato Grosso e em torno de Manaus. Nota-se também no Acre uma área de sismos de grande profundidade, relacionados à Placa de Nazca que mergulha sob o continente.

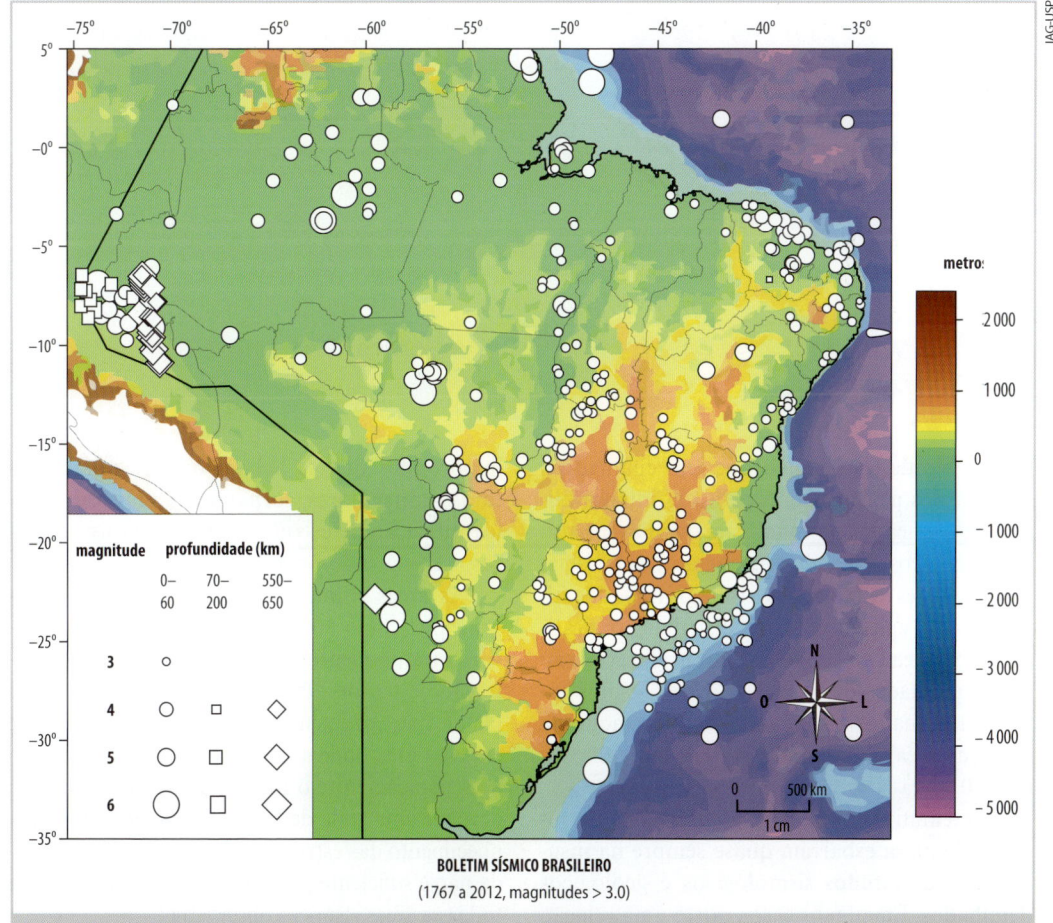

▲ **Figura 3.7** – Distribuição de sismos no Brasil (1767 a 2012) baseada em dados históricos e instrumentais. Apenas dados a leste da linha preta estão incluídos na figura. Fonte: IAG-USP. Ressalte-se que a base de informação utilizada (USP, UNB, UFRN, IPT) é bastante incompleta e inclui até meados do século passado somente sismos com magnitude acima de 4 na escala Richter ocorridos em áreas povoadas.

Os dois maiores sismos do Brasil ocorreram em 1955: um na região de Porto dos Gaúchos, 370 km ao norte de Cuiabá (MT); e o outro, com epicentro no mar, a 300 km de Vitória (ES), com magnitudes de 6,2 e 6,1 na escala Richter, respectivamente. Na Região Sudeste merece destaque o sismo ocorrido em 1922, com epicentro em Mogi Guaçu (SP) – onde chegou a trincar algumas casas, teve magnitude Richter 5,1 e foi sentido em boa parte do estado de São Paulo e até na cidade do Rio de Janeiro (**Tabela 3.3**).

Tabela 3.3 – Maiores sismos do Brasil

Ano	Latitude (°S)	Longitude (°W)	Magnitude m_b	Intensidade máxima, MM	Localidade
1955	12,42	57,30	6,2		Porto dos Gaúchos (MT). Em Cuiabá, 370 km ao sul, pessoas foram acordadas.
1955	19,84	36,75	6,1		Epicentro no mar, a 300 km de Vitória (ES).
1939	29,00	48,00	5,5	> VI	Tubarão (SC), na plataforma continental.
1983	3,59	62,17	5,5	VII	Codajás (AM), na bacia Amazônica.
1964	18,06	56,69	5,4		Bacia do Pantanal, NW de Mato Grosso do Sul.
1990	31,19	48,92	5,2		Epicentro no mar, a 200 km de Porto Alegre (RS).
1980	4,30	38,40	5,2	VII	Pacajus (CE).
1998	11,61	56,75	5,2	VI	Porto dos Gauchos (MT).
1922	22,17	47,04	5,1	VI	Mogi Guaçu (SP), sentido em SP, MG e RJ.
1963	2,30	61,01	5,1		Manaus (AM).
1986	5,53	35,75	5,1	VII	João Câmara (RN).
2005	11,61	56,75	5,0	V	Porto dos Gaúchos (MT).
2007	15,05	44,20	4,9	VII	Itacarambi (MG), uma criança morreu.
2008	25,77	45,42	5,2		220 km a SSE de S. Vicente (SP).
2010	13,77	49,16	5,0	VI	Mara Rosa (GO).

(Fonte: IAG-USP).

No Nordeste, a região que tem chamado a atenção dos pesquisadores pela sua intensa atividade sísmica é a de João Câmara (RN). Estudos geofísicos efetuados na região desde 1986, usando redes de estações sismográficas locais, mostraram epicentros com distribuição praticamente linear ao longo de 40 km de extensão e profundidades de até 8 km. Esses sismos foram relacionados a uma zona de falha moderna (neotectônica) de direção N40°E e mergulho de 60 a 70° para NW.

As tentativas para explicar os sismos no interior de placa esbarram quase sempre na insuficiência de estudos sismológicos e geológicos detalhados. Em alguns casos existe uma relação clara entre os sismos e as estruturas tectônicas assinaladas em mapas geológicos, como na região de Caruaru (PE), onde tremores frequentes ocorrem como resultado da reativação de uma grande falha pré-cambriana (conhecida como lineamento de Pernambuco). Na maioria das vezes, no entanto, não se pode estabelecer essa relação com a estrutura geológica conhecida na superfície. Há casos também de estruturas importantes que se acham ocultas por coberturas sedimentares, tornando-se muito difícil a identificação de estruturas ou falhas sismogênicas (i.e., causadoras dos sismos).

As áreas sísmicas podem ser explicadas, em princípio, como zonas de fraqueza (mais suscetíveis a fraturamentos), ou como zonas de concentração de tensões. Por exemplo, a sismicidade da plataforma continental na Região Sudeste ocorre em uma área onde a crosta foi estendida no início da separação entre o Brasil e a África e, portanto, deve ser uma zona de fraqueza. No entanto, o conhecimento das estruturas da crosta no Brasil ainda não é suficiente para explicar satisfatoriamente todas as áreas sísmicas observadas.

Apesar das incertezas quanto à origem de muitos sismos no interior da Placa Sul-americana, na Região Sudeste há algumas evidências de que os sismos tendam a ocorrer mais frequentemente em áreas onde a litosfera está mais afinada. As tensões internas na placa litosférica, causadas principalmente pelas forças atuantes no contato com outras placas, podem ser amplificadas em áreas com litosfera mais fina. Essas áreas de afinamento parecem coincidir com alguns centros de atividades vulcânica e/ou magmática intraplacas, ocorridas na passagem do Mesozoico para o Cenozoico, ao redor de 80 a 65 milhões de anos atrás, como em Poços de Caldas (MG), onde se localizam preferencialmente essas áreas de litosfera mais fina. Não se sabe ainda se essas áreas mais delgadas da placa foram originadas por aquecimento ligado às atividades vulcânicas ou se o vulcanismo aproveitou locais da litosfera mais fina e fraca, que já existiam no Mesozoico. De qualquer maneira, a coincidência dos sismos atuais com regiões de litosfera mais fina e/ou fraca representa mais um exemplo de estruturas antigas que estariam controlando a evolução de feições novas.

Sismos induzidos

Outra preocupação frequente dos geofísicos é com os sismos induzidos, ou seja, aqueles relacionados principalmente com a construção de grandes reservatórios hidrelétricos. Estudos sismológicos efetuados em inúmeros reservatórios de todo o mundo mostraram que, tanto a sobrecarga da coluna de água, como, principalmente, a penetração da água sob pressão em fraturas e zonas de falha até alguns quilômetros de profundidade podem desencadear atividades sísmicas. No entanto, para que isso ocorra, é necessário que o maciço rochoso sob influência do reservatório já esteja com tensões tectônicas bastante altas, próximas do ponto de ruptura do maciço. A carga de água do reservatório e a penetração de água em fraturas do maciço são apenas fatores que desencadeiam uma situação já em estado crítico.

No Brasil, os primeiros casos de sismos induzidos foram relatados em 1971, na usina de Capivari-Cachoeira (na Serra do Mar, PR), e, em 1972, em um pequeno reservatório com apenas 20 m de profundidade, em Carmo do Cajuru (MG), situado na parte sul do cráton do São Francisco. Quanto maior a profundidade do reservatório (ou a altura da barragem), mais provável é a ocorrência de sismos induzidos. Em reservatórios com barragens de mais de 100 m de altura, em regiões sedimentares, a probabilidade pode chegar a 50%. Até hoje, no Brasil, já houve sismos induzidos em cerca de vinte reservatórios, e os maiores deles chegaram a originar pequenas trincas em paredes de casas da região rural. Porém, a maior parte desses sismos tem sido de magnitudes pequenas, até inferiores aos sismos naturais ocorridos na mesma região.

O monitoramento de reservatórios, por redes sismográficas, mostra geralmente boa correlação

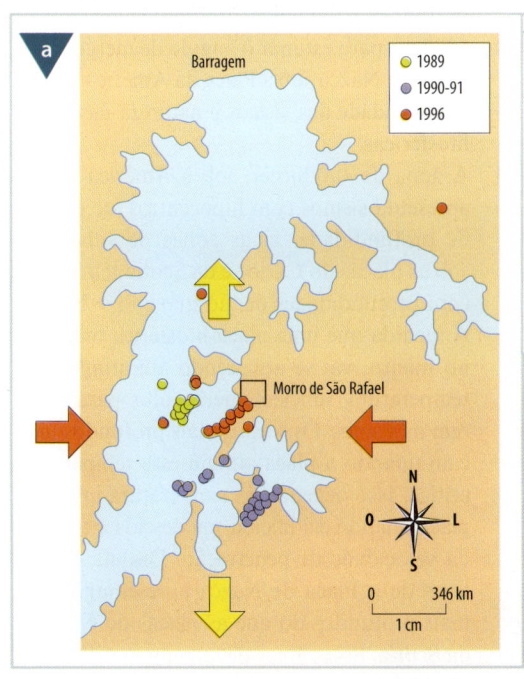

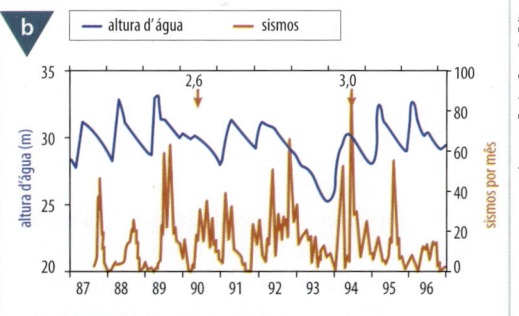

Figura 3.8 – Sismicidade induzida pelo reservatório de Açu (RN). (a) Mapa com os epicentros e as tensões neotectônicas da região. A distribuição NE-SW dos epicentros registrados em três períodos diferentes e o quadro atual de tensões indicado pela compressão E-W (setas vermelhas) e distensão N-S (setas amarelas). (b) Variação do nível d'água do reservatório e do número de tremores entre 1987 e 1996. Nesse período, os tremores ocorreram alguns meses após o reservatório ter atingido seu nível anual máximo. Fonte: Assumpção e Dias Neto, 2000.

entre o aumento do nível d'água e o aumento da atividade sísmica, como foi exemplificado pelo reservatório de Açu (RN) (**Figura 3.8a** e **b**). Os maiores sismos induzidos no Brasil foram os de Porto Colômbia-Volta Grande, na divisa dos estados de Minas Gerais e São Paulo, com magnitude 4,2, e o de Nova Ponte (MG), com magnitude 4. Em termos mundiais, o sismo induzido de maior magnitude ocorreu na Índia em 1967, no reservatório de Koyna, com magnitude 6,7 na escala Richter, que causou rachaduras na barragem e cerca de duzentas mortes. Por outro lado, o reservatório de Itaipu, que é um dos maiores reservatórios do Brasil, não produziu nenhuma sismicidade induzida.

Um grande desafio para geólogos e geofísicos consiste em avaliar o quadro de tensões da área escolhida para ser ocupada por um novo reservatório, tentando estimar o risco de indução de sismos. Por esse motivo, todos os grandes reservatórios hidrelétricos possuem redes sismográficas para estudo e monitoramento de possíveis tremores induzidos.

Efeitos de sismos distantes

De vez em quando, um terremoto da região andina pode gerar ondas sísmicas sentidas a milhares de quilômetros de distância nos andares superiores de prédios altos. A cidade de São Paulo, por exemplo, tem presenciado esse fenômeno em média a cada três ou quatro anos. Destacamos dois fatores que contribuem para esse fato. Terremotos grandes podem gerar ondas P e S, com alguns segundos de período, que viajam pelo interior da Terra numa trajetória curva e chegam à superfície vindas de baixo para cima. Essas ondas ao entrarem em bacias sedimentares, como a Bacia de São Paulo, aumentam de amplitude e ficam um certo tempo reverberando ("ecoando") dentro da bacia, ou seja, há um prolongamento por algum tempo das vibrações, de forma análoga ao que ocorre em grandes salas fechadas com o encontro do som nas suas paredes. Esse encontro produz reflexões múltiplas, cujas amplitudes podem se somar num regime de ondas estacionárias. Os prédios mais altos apresentam períodos próprios de oscilação de alguns segundos. Dessa maneira, as ondas sísmicas fazem com que alguns prédios altos entrem em ressonância. Os moradores dos andares mais altos sentem o prédio oscilar e às vezes até sentem tonturas, ao passo que os dos andares inferiores nada percebem.

Revisão de conceitos

▸ **Chegada das ondas no epicentro do terremoto.**
1. Sabendo-se que o percurso das ondas P e S do hipocentro até a estação sismográfica (**Figura 3.1c**) foi de 2 200 km, calcule a velocidade média de propagação das ondas P e S. Sabendo-se que o sismo ocorreu à 1h20min10s, quando chegaram as primeiras ondas ao epicentro?

▸ **Magnitude de Sismo.**
2. Qual é a amplitude da onda *Rayleigh* de 15s registrada numa estação a 2 000 km de distância para um terremoto de magnitude 8? Primeiro calcule o ângulo subtendido no centro da Terra, correspondente à distância de 2 000 km, sabendo que o raio da Terra é de 6 371 km; com o valor de Δ, assim obtido, em graus, use a equação da magnitude M da fórmula 1, p. 52.

▸ **Ângulo de mergulho da Placa de Nazca**
3. Examine o mapa da **Figura 3.6** perto da região norte do Chile e Argentina (latitude ~28°S). Use a separação entre os sismos rasos (círculos vermelhos, profundidade média de 30 km) e os profundos (triângulos, profundidade média de 600 km) para estimar o ângulo de mergulho da Placa de Nazca sob a Placa da América do Sul.

▸ **Profundidade dos sismos e natureza das placas litosféricas**
4. A zona de subducção sob a América do Sul apresenta sismos com hipocentros até 650 km de profundidade. Já as zonas de subducção sob as placas do Caribe e da Scotia têm sismos com profundidades de, no máximo, ~200 km. À medida que uma placa litosférica mergulha no manto, vai se aquecendo até atingir uma temperatura suficientemente alta para pararem os sismos. Os sismos mais profundos indicam quando a placa atingiu essa temperatura crítica. Isso depende da temperatura inicial da placa quando ela iniciou sua descida e também da velocidade de penetração. Discuta os motivos de a Placa de Nazca apresentar sismos mais profundos do que as placas do Caribe e da Scotia.

GLOSSÁRIO

Epicentro: Do grego *epí* ("acima"), é o ponto da superfície terrestre situado exatamente sobre o foco (ou hipocentro) do terremoto e onde apresenta sua intensidade máxima.

Escalas de medidas de terremotos

Escala de Magnitude Richter: Escala que mede a magnitude (intensidade) de energia liberada por um terremoto. É uma escala logarítmica (base 10), que vai de 1 a 9, onde cada unidade acima na escala representa um aumento de 10 na amplitude das ondas. Assim, um sismo de magnitude 4 na escala Richter, por exemplo, produz vibrações com amplitudes dez vezes maiores do que um de magnitude 3, observado na mesma distância, enquanto um de magnitude 5 causaria vibrações cem vezes maiores do que o de magnitude 3.

Escala Mercalli Modificada: Classificação mais utilizada, variável de I a XII, que avalia a intensidade de um terremoto em termos de seus efeitos (nas pessoas, nas construções e na natureza). Essa classificação é usada para medir o "tamanho" de um sismo – quanto maior sua magnitude, maior é a energia liberada pela ruptura que deu origem ao terremoto.

Hipocentro ou foco: Do grego *hypo* ("embaixo"), é o local do interior da Terra onde são originadas as ondas sísmicas dos terremotos.

Ondas longitudinais ou primárias (P): Ondas que provocam mudança de volume e se propagam no mesmo sentido de vibração das partículas, de forma análoga à da propagação de ondas sonoras.

Ondas de superfície Love (L) ou superficiais: Ondas que se propagam horizontalmente e as partículas vibram horizontal e transversalmente em sua direção de propagação. Este tipo de onda se propaga somente ao longo de uma superfície livre de um sólido elástico.

Ondas de superfície *Rayleigh* (R) ou superficiais: Ondas que resultam da combinação das vibrações de ondas longitudinais e transversais e dão origem a um movimento elíptico em um plano vertical paralelo à direção de propagação. Esse tipo de onda se propaga somente ao longo de uma superfície de um sólido uniforme.

Ondas sísmicas: Denominação geral para todos os tipos de ondas elásticas produzidas por terremotos ou geradas por explosões, que se propagam do hipocentro para todas as direções e promovem a vibração do meio.

Ondas transversais ou secundárias (S): Ondas que as partículas vibram no sentido perpendicular ao da propagação da onda, razão pela qual são conhecidas também por ondas de cisalhamento. Essas ondas não se propagam em meio líquido.

Sismograma: É o registro gráfico de um terremoto, ou seja, ele mostra uma representação gráfica das movimentações do solo produzidas pela passagem das ondas sísmicas. Ele funciona como um livro e é lido da esquerda para a direita e de cima para baixo. Além disso, ele registra a hora de chegada das ondas.

Terremotos: Vibrações do solo promovidas pela propagação de ondas liberadas de forma repentina a partir de tensões acumuladas no interior da Terra. Os terremotos são em geral associados com limites de placas litosféricas.

Zona de Wadati-Benioff: Zona sísmica inclinada em direção ao manto, desenvolvida em margens convergentes de placas litosféricas, que concentra mais dos 3/4 dos terremotos que ocorrem no globo.

Referências bibliográficas

ASSUMPÇÃO, M. Terremotos no Brasil. *Ciência hoje*. Vol. 1, n. 6, p. 13-20. Rio de Janeiro: SBPC, 1983.

_____; DIAS NETO, C. M. Sismicidade e estrutura interna da Terra. In: TEIXEIRA, W.; TOLEDO, M. C. M.; FAIRCHILD, T. R.; TAIOLI, F. (Eds.) *Decifrando a Terra*. Cap. 3, p. 43-62. São Paulo: Oficina de Textos, 2000.

FRANÇA, G.; ASSUMPÇÃO, M. Reflexos no Brasil de terremotos distantes. *Ciência Hoje*.V. 24, n. 3, p. 20-25. Rio de Janeiro: SBPC, 2008.

GONZALEZ, E. I. Tsunami!. *Scientific American*. Vol. 280, n. 5, p. 44-55. Nova York: Scientific American Publishing , 1999.

PRESS, F. et al. *Para entender a Terra*. Traduzido por Menegat R., Fernandes P. C. D., Fernandes L. A. D., Porcher C. C. Cap. 19, p. 470-497. Porto Alegre: Bookman, 2006, 656p.

TASSINARI, C.C.G.; DIAS NETO, C. M. Tectônica Global. In: TEIXEIRA, W.; FAIRCHILD, T.R.; TOLEDO, M.C.M.; TAIOLI, F. *Decifrando a Terra*. cap. 3, p. 78-107. São Paulo: Companhia Editora Nacional, 2. ed., 2009, 623p.

CAPÍTULO 4
Composição e estrutura interna da Terra
Rômulo Machado

Principais conceitos

▶ O interior da Terra é praticamente inacessível a observações diretas e, portanto, são necessários meios indiretos de investigação para descobrir a natureza de sua estrutura interna.

▶ Assim como o médico que utiliza diversos métodos radiográficos para investigar o interior do corpo humano, o geofísico utiliza-se do comportamento das ondas sísmicas para investigar a estrutura interna da Terra e comparar seus estudos com as hipóteses postuladas por outros métodos.

▶ Há descontinuidades no interior da Terra que provocam mudanças bruscas na velocidade de penetração das ondas sísmicas. Essas mudanças são atribuídas a variações nas composições química e mineralógica e propriedades físicas das rochas.

▶ As ondas sísmicas sugerem a existência de variações laterais e verticais de composição (química e mineralógica) no manto superior, as quais são indicativas de sua heterogeneidade. Essas variações são responsáveis por muitos fenômenos que se manifestam na crosta terrestre.

▶ A litosfera, composta pela crosta e por uma parte do manto superior, constitui-se de uma camada mais rígida que contrasta fisicamente com uma camada mais maleável (plástica), logo abaixo dela, conhecida como astenosfera ou zona de baixa velocidade das ondas sísmicas. A litosfera desliza sobre a astenosfera. Seus fragmentos constituem as placas tectônicas.

▶ Os dados geofísicos demonstram que a estrutura interna da Terra compreende três camadas que, da superfície para o interior, são denominadas crosta, manto e núcleo, respectivamente.

▶ O calor interno da Terra, que deve chegar a 5 000 °C, é fator importante na dinâmica da circulação de matéria no interior do planeta, sendo, dessa maneira, responsável por grande parte dos processos que ocorrem também em sua camada externa.

▶ A parte líquida do núcleo externo é considerada como responsável pelo campo magnético da Terra. O movimento da matéria nessa parte do núcleo produz um campo magnético, que funciona de forma análoga ao mecanismo de geração de correntes elétricas por um dínamo.

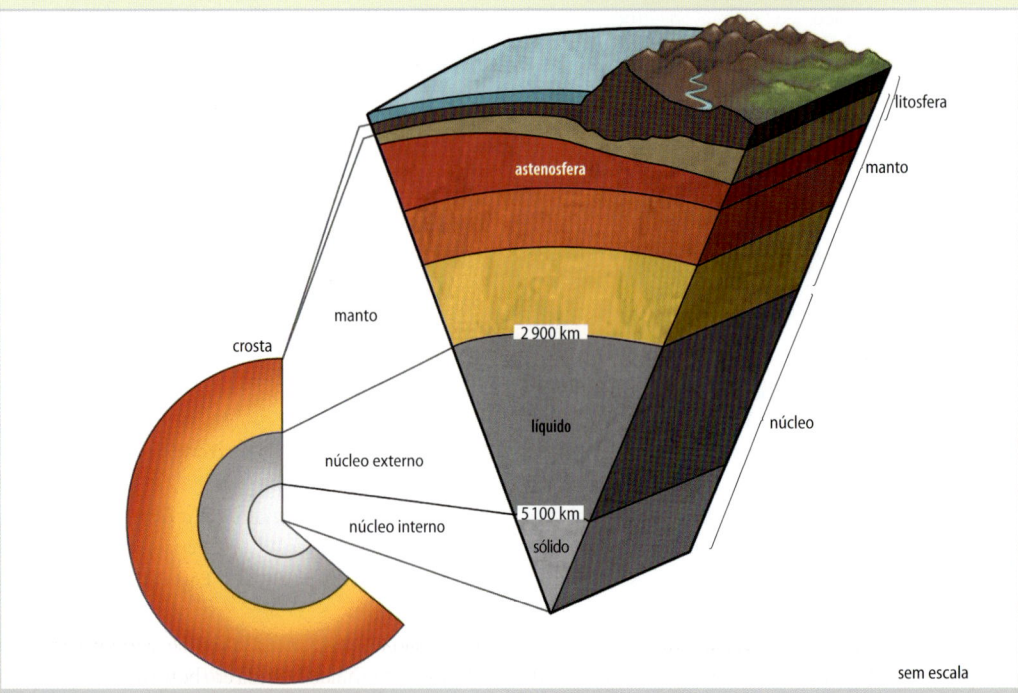

▲ Estrutura interna da Terra mostrando sua divisão em camadas (do interior para a superfície): núcleo (interno e externo), manto (inferior e superior), astenosfera e litosfera (parte do manto superior e crosta). Fonte: U. G. Geological Survey.

Introdução

Como as porções mais profundas da Terra são inacessíveis diretamente, temos, portanto, de nos contentar com as valiosas informações fornecidas por fragmentos de rochas trazidos do interior da Terra pelos magmas durante sua ascensão até a superfície, onde formarão as rochas vulcânicas. Em alguns casos, essas rochas, ou minerais nelas contidos, trazem materiais formados em grandes profundidades e revelam a composição de regiões profundas da Terra. Sondagens para pesquisa de petróleo não ultrapassam 8 a 10 km de profundidade, que representam valores insignificantes quando comparados com o raio da Terra (> 6 000 km). Há ainda informações oriundas da exploração de minas subterrâneas, cujas profundidades não ultrapassam 3 a 4 km.

Atualmente, a mina subterrânea mais profunda do mundo, encontrada na África do Sul, atinge cerca de 3,5 km de profundidade.

As informações indiretas sobre o interior da Terra são obtidas com base no estudo de suas características físicas, como gravidade, temperatura, pressão, magnetismo e fluxo térmico. Grande parte dessas características físicas é calculada a partir do comportamento das ondas sísmicas no interior da Terra, conforme será visto a seguir. Há, ainda, as investigações relacionadas às observações da Astronomia e os estudos dos meteoritos (ver **Capítulo 2**), que sugerem que os condritos comuns possam corresponder ao manto; os sideritos, ao núcleo; e a parte mais refratária dos condritos carbonosos poderia representar toda a Terra.

Comportamento das ondas sísmicas

Existem dois tipos principais de ondas sísmicas: longitudinais ou primárias (P) e transversais ou secundárias (S). Como foi visto no capítulo anterior (**Capítulo 3**), nas ondas P, as partículas do meio vibram na mesma direção em que as ondas se propagam, enquanto nas ondas S elas vibram perpendicularmente à direção de propagação das ondas. As primeiras se propagam através dos diferentes meios (sólidos, líquidos e gasosos), enquanto as últimas se propagam somente em meio sólido (ver **Capítulo 3**). Quando ocorre um terremoto, a energia que estava acumulada por conta do aumento de tensões no interior da Terra é liberada instantaneamente na forma de ondas sísmicas.

Durante a propagação das ondas sísmicas no interior da Terra observam-se mudanças importantes nas velocidades e nos sentidos delas (**Figura 4.1**). Como as ondas P possuem velocidade cerca de duas vezes (8,6 km/s) maior que as ondas S (4,8 km/s), elas são as primeiras a chegar aos equipamentos de registro de vibração das ondas (chamados sismógrafos). Outro aspecto importante é o fato de que as ondas S, em função de suas características, não penetram no núcleo externo da Terra, elas são refletidas nesse ponto. Isso sugere que o núcleo externo seja líquido.

A crosta continental pode ser dividida em crosta superior e crosta inferior (descontinuidade de Conrad). Na primeira, a velocidade de propagação das ondas P é cerca de 5,5 km/s e, na segunda, ao redor de 7 km/s. A crosta superior é dominantemente granítica, sendo denominada *sial* (predomínio de rochas graníticas ricas em silício e alumínio). Já a da crosta inferior é dominantemente basáltica e, portanto, denominada *sima* (predomínio de silicatos ricos em magnésio e ferro).

A primeira mudança do comportamento das ondas sísmicas se dá a profundidades entre 5 e 10 km em áreas oceânicas, que chegam a 30 km ou mais nas regiões dos grandes platôs oceânicos. Essas feições são comuns no Oceano Pacífico e também no Oceano Atlântico Norte e Sul, com destaques neste último para os platôs do Rio Grande do Norte e Pernambuco e na margem sul dos platôs de São Paulo e Rio Grande do Sul. Nas áreas continentais, as espessuras da crosta variam de 25-50 km e podem chegar a 80-90 km debaixo das cadeias de montanhas modernas, como os Andes e os Himalaias. Aqui a velocidade das ondas P varia de 3,5 a 7,5 km/s na crosta e de 7 a 14 km/s no manto. Por outro lado, as ondas S se propagam nessas mesmas regiões com velocidade de 3 a 5 km/s na crosta e de 3,5 a 7,5 km/s no manto, cuja mudança está relacionada à descontinuidade de Mohorovičić (ou Moho), denominação dada em homenagem ao sismólogo iugoslavo Andrja Mohorovičić que, em 1909, foi o primeiro a identificá-la. Portanto, a descontinuidade

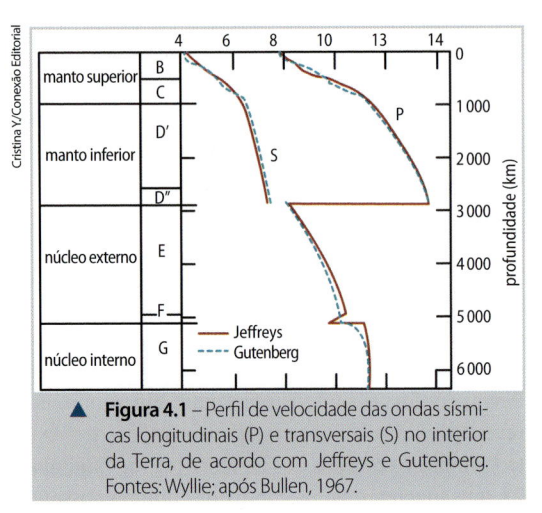

Figura 4.1 – Perfil de velocidade das ondas sísmicas longitudinais (P) e transversais (S) no interior da Terra, de acordo com Jeffreys e Gutenberg. Fontes: Wyllie; após Bullen, 1967.

de Moho separa a crosta da camada intermediária ou manto (**Figuras 4.1** e **4.2**).

Logo abaixo da crosta ocorre o manto litosférico (parte do manto superior) e imediatamente abaixo dele situa-se uma zona com pequena redução de velocidade das ondas sísmicas, chamada zona de baixa velocidade ou astenosfera (**Figura 4.2**). Essa zona situa-se a uma profundidade de cerca de 100 km, sendo particularmente importante debaixo dos oceanos. Essa mudança na velocidade das ondas sísmicas estaria relacionada com a diminuição de viscosidade do material rochoso na parte superior do manto, de forma a tornar-se "pastoso" (fluído de alta viscosidade). Uma explicação para isso é a presença de pequenas porções de rocha fundida nessa parte do manto, resultando assim em uma região onde as ondas sísmicas são "amortecidas". A parte superior do manto (manto litosférico) e a crosta formam, juntas, uma camada mais rígida denominada litosfera. Essa camada desliza sobre a astenosfera, menos rígida, e seus segmentos constituem as placas tectônicas. Esse conceito é fundamental para o entendimento da Tectônica de Placas, ou Tectônica Global.

O manto é uma camada situada entre duas maiores descontinuidades, a de Mohorovičić, localizada a uma profundidade entre 35 e 70 km, e a de Gutenberg, ao redor de 2 900 km (**Figura 4.2**). Nessas duas descontinuidades ocorre redução nas velocidades das ondas sísmicas: na primeira, as ondas P diminuem de 7,8 para 6,3 km/s, e as ondas S, de 4,4 para 3,7 km/s; na segunda, as ondas P caem bruscamente de 14 para 8 km/s, enquanto as ondas S não se propagam no núcleo externo, sugerindo que ele deve estar no estado líquido (**Figura 4.1**).

O manto, situado a uma profundidade variável de 5-10 km (abaixo dos oceanos) e 20-70 km (abaixo dos continentes) a 2 900 km, tem sido dividido em seis camadas: manto litosférico (profundidade de 5-70 km a ~100 km), astenosfera (profundidade de 100 a 250 km), manto transicional (profundidade de 400 a 670 km) e manto inferior (profundidade de 670 a 2 900 km). Entre os mantos superior/transicional/inferior há duas importantes descontinuidades, onde a velocidade das ondas P aumenta, respectivamente, de 8,6 para 9,1 km/s e de 10,2 para 10,6 km/s. No manto superior, essas ondas apresentam um incremento menor de velocidade (8,2-8,6 km/s) do que no manto transicional (9,1-10,2 km/s). Em termos petrológicos, esse aumento de velocidade das ondas sísmicas é interpretado como um empacotamento mais compacto da olivina, o que lhe dá um aumento de densidade ~10%.

Os modelos de densidade mostram valores ao redor de 3 320 kg/m³ (entre 3 340 a 3 540 kg/m³) na

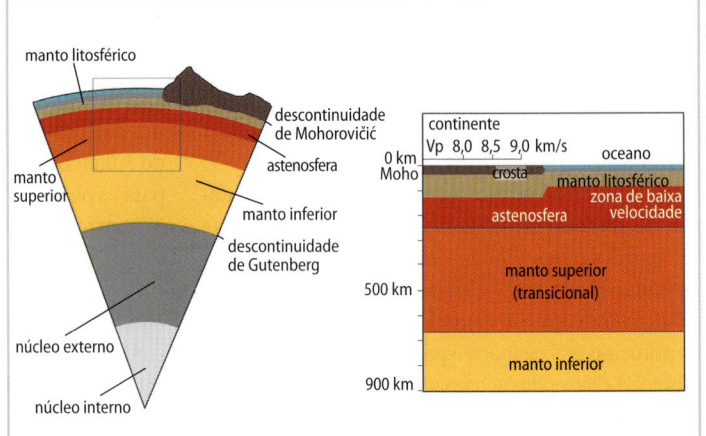

Figura 4.2 – Estrutura interna da Terra: suas camadas concêntricas e principais descontinuidades (de primeira ordem), definidas com base no comportamento das ondas sísmicas. Para fins de representação, na figura geral (à esquerda) foram exageradas, as espessuras da crosta (continental e oceânica) e da astenosfera. Para as demais camadas foi mantida a escala, bem como na figura ao lado (à direita), que mostra, com mais detalhe e na escala, as camadas externas da Terra.

parte superior do manto, e ao redor de 5 500 kg/m³ (entre 5,1 a 5 800 kg/m³) na sua parte inferior. Esses valores de densidade são compatíveis com os de rochas ultramáficas (rochas escuras e densas, ricas em olivinas magnesianas ($Mg_2Si_2O_6$), piroxênios magnesianos ($Mg_2Si_2O_6$) e magnesiano-cálcicos ($CaMgSi_2O_6$)). Informações da petrologia experimental e da mineralogia de rochas ofiolíticas (fragmentos de antigas litosferas oceânicas formados de rochas plutônicas, máficas-ultramáficas, vulcânicas máficas com lavas almofadadas e rochas sedimentares químicas de mar profundo), consideradas como representantes do manto superior, corroboram com os dados acima e sugerem composição peridotítica (composição rica em magnésio e ferro, constituída de olivina e piroxênios) para essa parte do manto, em uma proporção de 60% de olivina, 30% de piroxênio (clino e orto) e 10% de plagioclásio + granada + espinélio.

Uma mudança mais acentuada no comportamento das ondas P ocorre na profundidade de 2 900 km (**Figura 4.1**). Nesse ponto, onde se encontra a descontinuidade de Gutenberg, a velocidade das ondas P é reduzida bruscamente de cerca de 14 km/s para 8 km/s. As ondas S, por sua vez, são aí refletidas, não penetrando no núcleo externo. Isso indica que essa porção do interior da Terra deve apresentar-se no estado líquido.

No interior do núcleo, a uma profundidade de 5 100 km (**Figura 4.1**), ocorre ligeiro aumento na velocidade de propagação das ondas P. Esse aumento de velocidade marca a passagem do núcleo externo para o núcleo interno, que é referida como descontinuidade de Lehmann, em homenagem à sismóloga dinamarquesa Inga Lehmann – a primeira a reconhecer, em 1936, diferenças na velocidade de propagação das ondas P entre essas duas partes do núcleo.

Variação lateral no manto superior

As informações fornecidas pelo comportamento das ondas sísmicas sugerem a existência de importantes variações laterais de composição (química e mineralógica) no manto superior, ou seja, o manto apresenta composição heterogênea lateralmente. Essas variações são responsáveis por muitos fenômenos que se manifestam na crosta terrestre. Sabe-se hoje que as grandes feições fisiográficas da superfície da Terra são resultantes de processos de origem profunda, localizados principalmente no manto. Os exemplos atuais desse fato são as cadeias de montanhas modernas – Alpes na Europa, Himalaia na Ásia, Andes na Costa Oeste da América do Sul, Rochosas na Costa Oeste da América do Norte e as cadeias mesoceânicas. Nessas cadeias montanhosas, registram-se cerca de dois terços dos sismos atuais e encontra-se a maioria dos vulcões ativos. Essas atividades, sísmica e vulcânica, estão relacionadas aos limites das placas litosféricas – por causa da fragilidade das regiões onde as placas se encontram, elas estão mais sujeitas a sismicidade e vulcanismo (ver **Capítulo 5**).

Sabe-se que há também uma relação direta entre as velocidades das ondas sísmicas (P e S) e a densidade dos materiais rochosos, ou seja, à medida que nos aprofundamos na Terra, há um aumento de densidade e também das velocidades das ondas sísmicas.

Vimos anteriormente que existe uma região no manto superior – a aproximadamente 75 km sob os oceanos e entre 150 e 200 km abaixo dos continentes – chamada astenosfera. Nessa região, a velocidade das ondas sísmicas é fortemente atenuada (**Figura 4.2**).

A **Figura 4.3** ilustra o comportamento das ondas S em três províncias tectônicas distintas: Alpes, Oceano Pacífico e Escudo Canadense. Em todas as províncias ocorre redução significativa de velocidade das ondas sísmicas: nas duas primeiras, em profundidades entre 60 e 75 km, elas são reduzidas de 4,5-4,6 km/s para 4,1-4,3 km/s, enquanto na última província essa mudança ocorre em profundidade ao redor de 120 km, e a velocidade das ondas sísmicas diminui de 4,7 km/s para 4,5 km/s.

Existem três descontinuidades na parte superior do manto: na primeira delas, logo abaixo da descontinuidade de Moho, a velocidade das ondas P aumenta de 8,2 para 8,4 km/s; na segunda, aumenta de 8,5 para 9,6 km/s; e na terceira, de 9,6 para 11,2 km/s. Essas descontinuidades situam-se a profundidades ao redor de 100, 400 e 650 km, respectivamente. Há possivelmente outra descontinuidade ainda a uma profundidade ao redor de 1 050 km (**Figura 4.4a**).

A **Figura 4.4b** mostra o perfil de velocidade das ondas P no interior do manto em três províncias estruturais dos EUA: (I) Bacia Leste, Província Range e Norte das Montanhas Rochosas, (II) Platô do Colorado e Montanhas Rochosas e (III) Planície do Rio Snake e parte Oeste das Montanhas Rochosas. Em todas as províncias há um comportamento semelhante das ondas sísmicas, com gradientes de alta velocidade (zonas de transição bruscas) em profundidades ao redor de 150, 400, 500 e, provavelmente, próximo de 1000 km. As letras A, B (B', B'', B'''), C (C', C'', C''') e D (D', D'') correspondem à subdivisão da estrutura interna da Terra em camadas concêntricas, concebida originalmente no modelo de Bullen (1942, 1967) e aprimorado posteriormente por outros autores (DZIEWONSKI e ANDERSON, 1981). As variações são mais importantes na camada B do que na camada C, enquanto na camada D elas não são bem definidas.

Uma descoberta interessante foi feita no final da década de 1960 com base no estudo geofísico do manto superior do continente norte-americano. Notou-se que havia diferenças de velocidades das ondas P entre os mantos do Oeste e do Leste dos EUA (**Figura 4.5a**): a velocidade das ondas P, debaixo das montanhas rochosas, é menor do que debaixo das regiões planas do Leste americano.

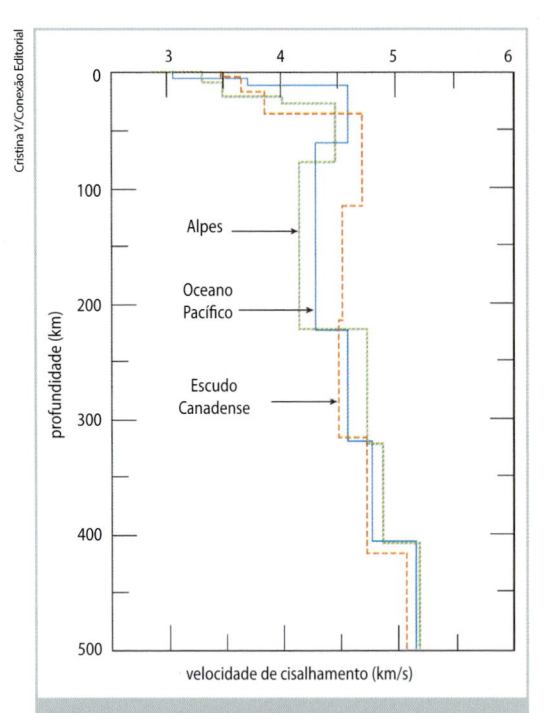

▲ **Figura 4.3** – Comportamento das ondas S no manto situado abaixo de três províncias tectônicas distintas: Escudo Canadense, Oceano Pacífico e Alpes. Nessas regiões, em profundidades ao redor de 75 km, essas ondas mostram redução de velocidade de 4,5-4,6 km/s para 4,1-4,3 km/s, enquanto em profundidades ao redor de 220 km elas voltam a aumentar para 4,6-4,7 km/s. Fontes: Wyllie, 1971; após Dorman, 1969.

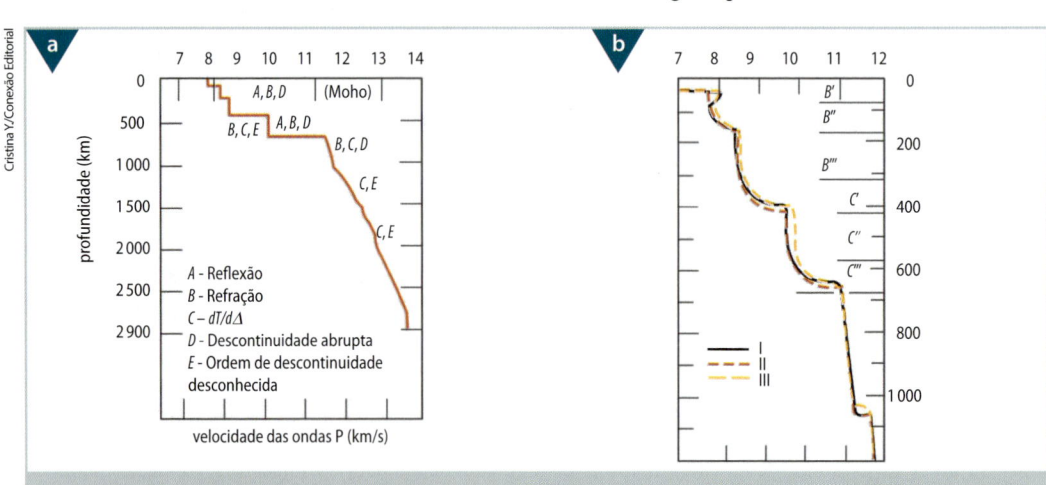

▲ **Figura 4.4** – Perfil de velocidade das ondas P no manto (a) até a profundidade de 2900 km (descontinuidade de Gutenberg), mostrando as principais descontinuidades do manto superior. (b) Detalhe dessas descontinuidades para três províncias tectônicas dos Estados Unidos: (I) Bacia Leste, Província Range e norte das Montanhas Rochosas; (II) Platô do Colorado e Montanhas Rochosas; e (III) Planície do Rio Snake e oeste das Montanhas Rochosas. Fontes: Wyllie, 1971; após Knopoff, 1967; e Archambeau et al., 1969.

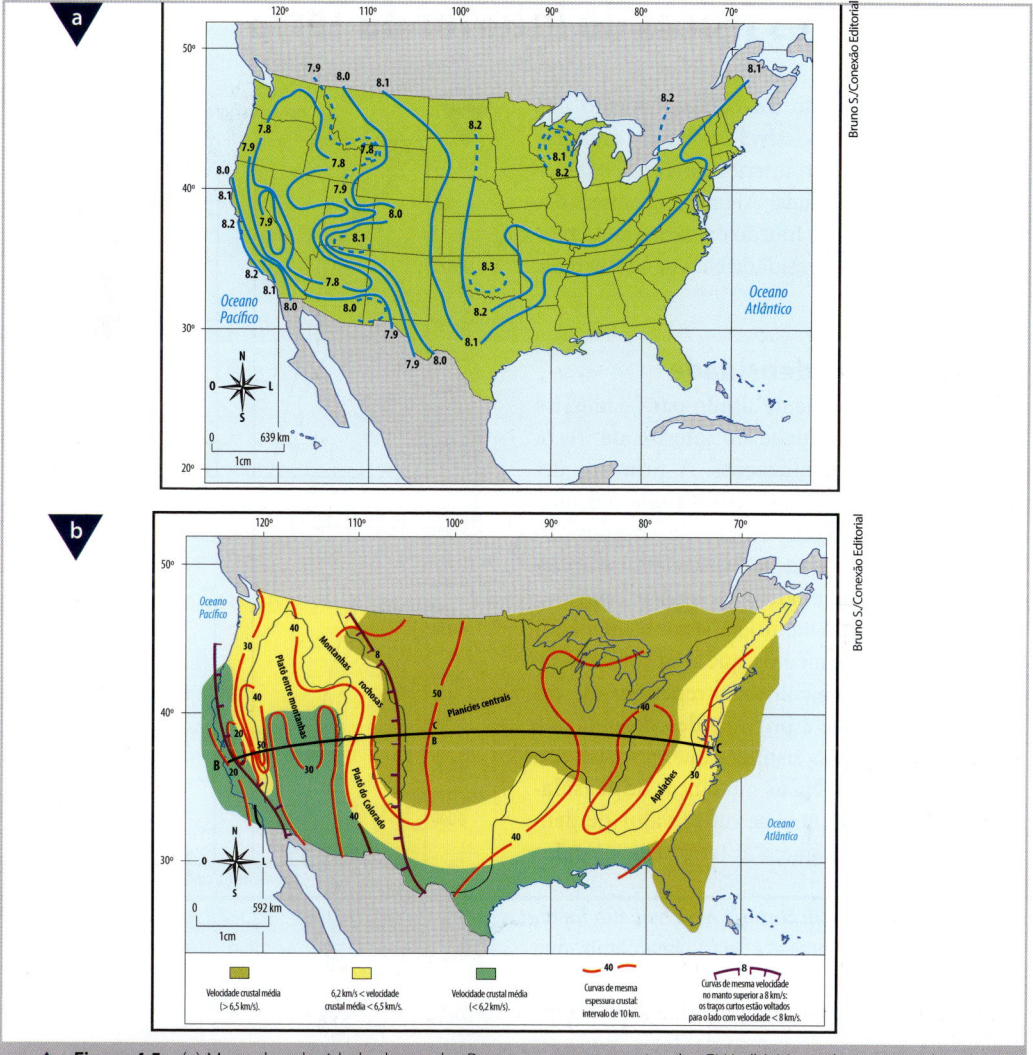

▲ **Figura 4.5** – (a) Mapa de velocidade das ondas P para o manto superior dos EUA. (b) Mapa de variação de velocidade das ondas P (< 6,2 km/s, entre 6,2 a 6,5 km/s, > 6,5 km/s) e de espessura da crosta dos EUA. Fontes: Park, 1995; após Wyllie, 1971.

Notou-se ainda que havia três regiões distintas da crosta dos EUA, que apresentam velocidades diferentes das ondas P: (a) uma superior, com velocidade acima de 6,5 km/s, (b) uma inferior, com velocidade abaixo de 6,2 km/s, (c) uma intermediária, com velocidade entre 6,5 e 6,2 km/s. Essas variações de velocidades sugerem crostas com diferenças de constituição e de densidade dos materiais rochosos (**Figura 4.5b**). Notou-se também que, apesar de ocorrer um rápido adelgaçamento da crosta na Costa Oeste dos EUA, há um estreito segmento paralelo à costa com espessura entre 40 a 50 km.

Os dados geofísicos acima sugerem a divisão do continente norte-americano em duas maiores províncias geológicas (ou tectônicas): uma situada a leste e outra a oeste das Montanhas Rochosas. Na primeira, as velocidades das ondas P são superiores a 8 km/s e a espessura da crosta é, em geral, superior a 40 km. Na segunda, as ondas P têm velocidades inferiores a 8 km/s, e a crosta apresenta espessura, em geral, inferior a 40 km.

As correlações acima indicam que a crosta e o manto superior são diretamente ligados em termos tectônicos, razão pela qual eles devem ser considerados nos cálculos de gravidade e isostasia.

COMPOSIÇÃO E ESTRUTURA INTERNA DA TERRA

Propriedades físicas do interior da Terra

A partir do estudo do comportamento das ondas sísmicas é possível calcular algumas propriedades físicas do interior da Terra, como a distribuição de densidade. Algumas propriedades têm sido estimadas em função da variação da profundidade, além da densidade e da condutividade elétrica.

Distribuição da densidade

O método comumente usado para deduzir a distribuição de densidade no interior da Terra envolve muitas generalizações. A primeira delas considera que a Terra é constituída por uma série de camadas concêntricas de composição homogênea sem mudanças bruscas nas propriedades físicas. Nesse modelo, assume-se um valor de densidade para o manto superior e calculam-se novos valores, à medida que se aprofunda em cada camada. Os cálculos são repetidos, de camada a camada, até a próxima descontinuidade marcada pelas ondas sísmicas que, por sua vez, correspondem também às mudanças de densidade. Em seguida, assume-se outro valor de densidade mais alto do que o anterior e os cálculos são repetidos.

Considerando-se m como a massa de um material no interior da Terra e a sua forma como uma esfera de raio r e a constante de gravitação universal G, então o valor da gravidade g para uma distância r, a partir do centro da Terra, pode ser expresso pela equação (1):

$$g = G \cdot m/r^2 \quad (1)$$

Como a tensão ou estresse (razão entre força atuante em uma superfície e sua área) no interior da Terra é considerada equivalente à pressão hidrostática (pressão igual em todas as direções), sua variação com a profundidade é fornecida pela equação (2):

$$dp/dr = g\sigma = -G \cdot m\sigma/r^2 \quad (2)$$

Quatro modelos elaborados na década de 1960 procuram mostrar a distribuição de densidade no

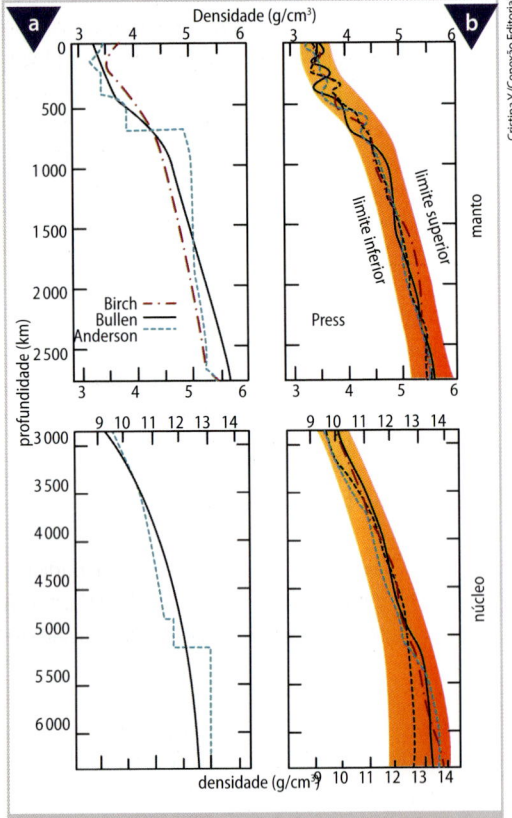

▲ **Figura 4.6** – Distribuição de densidade no interior da Terra em função da profundidade (ver legenda no interior da figura no canto superior esquerdo): (a) modelos de Birch, Bullen e Anderson; (b) modelo de Press. Fontes: Wyllie, 1971; após Press, 1968; e Anderson, 1967.

interior da Terra (**Figura 4.6**). Os três primeiros modelos (**Figura 4.6a**) consideram a densidade de 3 320 kg/m³ para o material rochoso situado logo abaixo da descontinuidade de Moho, enquanto o último modelo (**Figura 4.6b**) considera a densidade no intervalo de 3 340 a 3 540 kg/m³, que são os valores de densidades reveladas pelos peridotitos (olivina = silicato de magnésio e ferro, e dois tipos de piroxênio = silicatos de cálcio, magnésio e ferro, principais rochas componentes do manto.

Os modelos de Birch e Bullen consideram que há uma relação linear entre a densidade e a velocidade das ondas P. Já no modelo de Anderson são consideradas as descontinuidades de diferentes ordens existentes no manto superior (**Figura 4.6a**).

A feição provavelmente mais marcante no último modelo é o aumento abrupto de densidade no limite manto-núcleo. Nota-se ainda na parte inferior da zona de baixa velocidade um aumento muito rápido de densidade, comparado com o comportamento das ondas sísmicas no início do manto superior (ver **Figura 4.4b**). O quarto modelo, o de Press, é inteiramente diferente dos anteriores, pois envolve procedimentos estatísticos que são independentes dos pressupostos assumidos nos demais modelos.

Distribuição de pressão, gravidade e temperatura no interior da Terra

A partir da equação (1), pode-se determinar a aceleração devida à gravidade em qualquer camada no interior da Terra, assim como se pode também calcular a distribuição de pressão.

Nota-se que a pressão aumenta continuamente com a profundidade, exibindo um gradiente com aumento mais suave no manto do que no núcleo interno. Por outro lado, a temperatura apresenta um gradiente fortíssimo até profundidades ao redor de 100 km e, a partir daí, cresce com gradiente menor até profundidades ao redor de 1 000 km, para depois se tornar praticamente constante até o centro da Terra (**Figura 4.7**).

A gravidade aumenta lentamente nos primeiros 150 a 200 km abaixo da superfície terrestre e comporta-se de forma mais ou menos constante até a profundidade de 2 900 km e depois decresce continuamente até cair a zero no centro da Terra.

Um corpo na superfície terrestre, além da força de atração exercida pela massa da Terra, fica sujeito ao efeito da aceleração centrífuga produzida pelo movimento de rotação da Terra. Como a aceleração é perpendicular ao seu eixo de rotação, ela atinge valor máximo na Linha do equador e cai a zero nos polos. Desse modo, na superfície, a força da gravidade é dada como a soma das forças gravitacional e centrífuga.

Sabe-se que os fenômenos gravitacionais são descritos pela Segunda Lei de Newton, segundo a qual duas esferas de massas m_1 e m_2, com densidades uniformes, são atraídas entre si na razão inversa do quadrado de suas distâncias a partir do centro das respectivas esferas, conforme expresso pela equação (3):

$$F = G \cdot m^1 \cdot m^2 / r^2 \quad (3)$$

onde, m^1 e m^2 são as massas das esferas, r é a distância entre os centros delas, F é a força de atração que atua entre elas e G é a constante universal da gravitação que, no nível do mar, varia de 978,049 gals na Linha do equador e 983,221 gals nos polos.

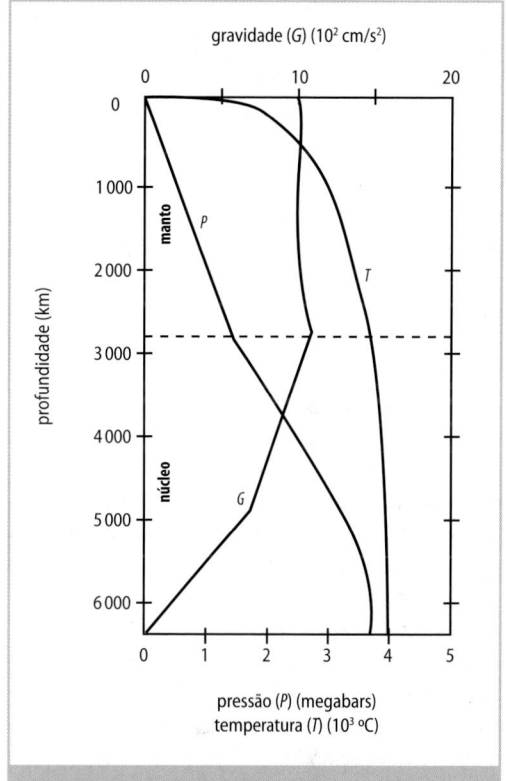

▲ **Figura 4.7** – Variação de pressão (P), gravidade (G) e temperatura (T) com a profundidade da Terra. Fontes: Wyllie, 1971; após Jacobs et al., 1959..

Cabe salientar que há muitas incertezas sobre a distribuição de temperatura nas porções mais profundas da Terra, pois essa depende da sua história térmica. As hipóteses formuladas sobre ela dependem fortemente das premissas assumidas acerca de sua origem e da história inicial, inclusive das composições químicas e das propriedades físicas dos materiais constituintes.

Como será visto mais adiante, as medidas de fluxo de calor na superfície da Terra relacionam-se ao gradiente térmico da região situada somente até pouco mais de 10 km de profundidade. Assim, as inferências para a distribuição de temperatura em maiores profundidades são baseadas no comportamento das ondas sísmicas e na variação de condutividade elétrica no interior do planeta, que dependem também das propriedades físicas assumidas para o material do manto, sob condições de pressões e temperaturas altas.

Existem três processos fundamentais que promovem a transferência de calor no interior da Terra: condução, convecção e radiação. A condução envolve transferência de calor por meio da matéria, sem que haja o deslocamento desta. A condução é lenta nas rochas silicáticas, porém é o principal processo nas camadas mais externas da Terra. A convecção envolve deslocamento de matéria, que promove a transferência de calor de regiões mais quentes para regiões mais frias. Se ela ocorre no manto, representa um processo eficiente de transferência de calor de grandes profundidades para a superfície e fornece um grande aumento na condutividade térmica efetiva. Sob condições de temperaturas elevadas, provavelmente em profundidades de 150 km ou superiores, considera-se a radiação como um dos processos dominantes de transferência de calor. A radiação envolve transferência de energia de um ponto a outro no espaço ou em meio material, a uma certa velocidade. Qualquer objeto libera energia radiante. Objetos a uma temperatura mais elevada liberam mais energia radiante do que aqueles a uma temperatura mais baixa. Por outro lado, a convecção ocorre com muita facilidade em líquidos e gases e há dúvidas quanto ao fato de ela ocorrer no manto, que é muito mais rígido. Se de fato ocorre, representa um eficiente mecanismo de transferência de calor de grandes profundidades para a superfície. O calor também é transportado diretamente para a superfície por magmas e soluções hidrotermais, porém isso parece representar uma pequena fração do calor total.

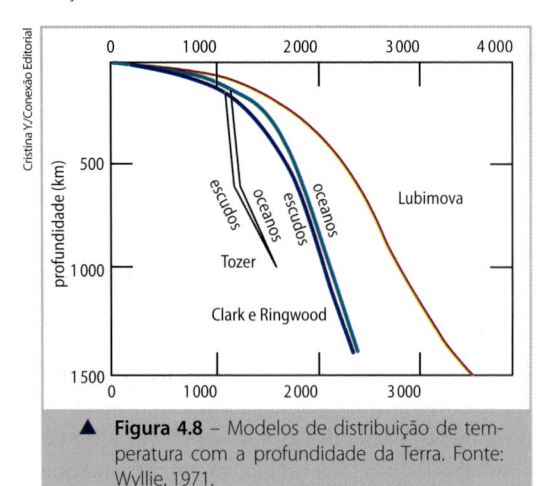

A **Figura 4.8** mostra três modelos de distribuição de temperatura com a profundidade da Terra. O modelo com distribuição de temperatura mais alta de Lubimova é baseado na condução e na história térmicas da Terra. O modelo com distribuição de temperatura mais baixa de Tozer é baseado na convecção térmica, enquanto o modelo intermediário (Clark e Ringwood) foi desenvolvido com base em modelos petrológicos envolvendo a formação dos continentes por diferenciação vertical do manto superior. Os dois modelos com temperaturas mais baixas consideraram a variação de temperatura abaixo dos continentes e dos oceanos. Eles mostram que a temperatura abaixo dos últimos é mais alta, para uma mesma profundidade, do que abaixo dos primeiros, sendo que em um dos modelos as duas curvas convergem em profundidade, enquanto em outro elas seguem paralelas. Para uma profundidade de 1 000 km, essas curvas fornecem temperaturas muito inferiores à da curva do modelo de Clark e Ringwood.

Os dados sísmicos mostram que o manto é essencialmente sólido, enquanto que o núcleo externo é líquido. Assim, a temperatura do manto encontra-se abaixo da curva de fusão do material que o constitui. Contudo, a existência de vulcões e as frequentes erupções, ao longo do tempo geológico, mostram que a temperatura do manto é, localmente, mais alta, razão pela qual ocorre sua fusão.

Magnetismo, gravidade e fluxo de calor

Desde o século XVI, com a publicação do livro *De magneto*, pelo inglês William Gilbert, sabe-se que a Terra pode ser considerada como um gigantesco ímã. Porém, somente a partir do início do século XIX – graças ao estudo sistemático de medida de intensidade do campo magnético terrestre, efetuado pelo cientista alemão Johann Carl Friedrich Gauss –, ficou demonstrado que 95% do campo magnético da Terra é originado no seu interior.

Quem já teve a oportunidade de observar uma bússola, sabe que ela dispõe de uma agulha imantada que aponta sempre para a mesma direção. Uma das extremidades indica o polo norte magnético e a outra, o polo sul magnético. Por convenção, a primeira apontaria para a região próxima ao polo norte geográfico e a segunda, ao polo sul geográfico. Portanto, a agulha de uma bússola indica, apenas de forma aproximada, os polos norte e sul geográficos que, na realidade, correspondem aos pontos de

▲ **Figura 4.8** – Modelos de distribuição de temperatura com a profundidade da Terra. Fonte: Wyllie, 1971.

intersecção das duas extremidades do eixo de rotação da Terra com sua superfície.

Hoje se sabe que o magnetismo terrestre é um fenômeno produzido pelo comportamento dipolar da Terra, ou seja, ela possui um polo norte e um polo sul magnéticos que induzem a orientação de uma agulha imantada situada em qualquer ponto da superfície terrestre. A origem do fenômeno tem sido atribuída ao movimento da matéria no interior do núcleo externo líquido, de forma análoga ao mecanismo de geração de correntes elétricas produzido por um dínamo. Um dínamo comercial produz energia magnética por conversão de energia mecânica. Para assegurar a continuidade do movimento do dínamo é necessária a manutenção do suprimento dessa energia mecânica, cuja origem é atribuída ao movimento de rotação da Terra. De forma similar ao que ocorre com uma agulha orientada em relação a um ímã, os polos da Terra atraem também minerais ricos em ferro, que são abundantes nas lavas basálticas geradas nas cadeias mesoceânicas. Quando essas lavas se resfriam e se cristalizam, os minerais magnéticos que as constituem se mantêm orientados segundo a direção do campo magnético. A produção de lava é contínua nessas cadeias e notou-se que, periodicamente, esses minerais têm seu alinhamento magnético invertido, indicando que os polos magnéticos trocam periodicamente de posição, ou seja, o polo sul magnético passa a ser o polo norte magnético e vice-versa. A ciência que estuda a história do campo magnético, ao longo do tempo geológico, é o paleomagnetismo.

A **Figura 4.9a** ilustra o campo magnético da Terra entre o eixo de rotação da Terra, e a **Figura 4.9b** mostra a representação no espaço dos seus principais elementos magnéticos. Como o campo magnético terrestre é variável no espaço, tanto em termos de direção como em termos de intensidade, torna-se necessário representá-lo vetorialmente em um sistema de três eixos. O campo magnético total é representado pelo vetor F que faz um ângulo de mergulho I (inclinação magnética) com a horizontal. O vetor pode ser decomposto em dois componentes: um horizontal H e outro vertical V. O plano vertical que contém F e H corresponde ao meridiano magnético local. O ângulo horizontal (D) entre os meridianos geográfico e magnético corresponde à declinação ou variação magnética (**Figura 4.9b**).

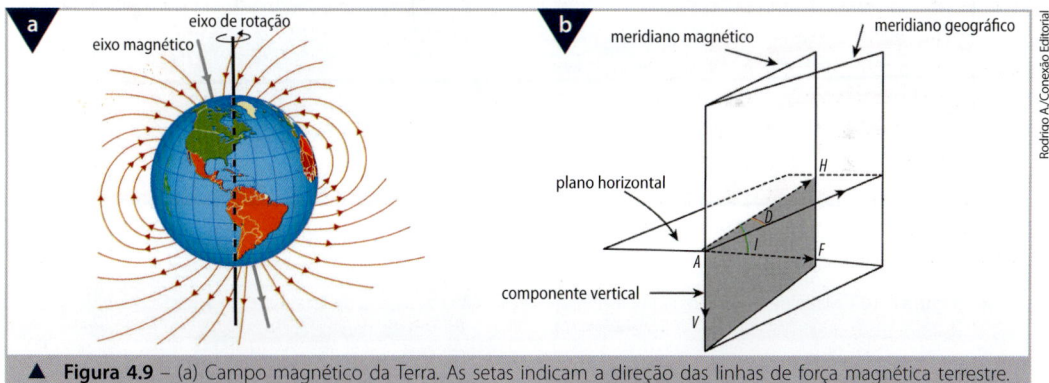

▲ **Figura 4.9** – (a) Campo magnético da Terra. As setas indicam a direção das linhas de força magnética terrestre. (b) Componentes vertical e horizontal da intensidade do campo magnético terrestre. Os ângulos D e I correspondem, respectivamente, à declinação e à inclinação magnéticas. As setas A-H, A-F e A-V da figura correspondem, respectivamente, aos componentes horizontal, total e vertical da intensidade do campo.

Esses elementos magnéticos são mais bem visualizados na superfície da Terra em cartas magnéticas. Essas cartas mostram as linhas de contornos com os mesmos valores dos elementos magnéticos. Há quatro tipos principais de cartas magnéticas: declinação magnética, inclinação magnética, intensidade total do campo magnético e intensidade magnética vertical do campo magnético.

A intensidade do campo magnético é medida em Tesla (T), pelo Sistema Internacional de Unidades (SI), em ampère (A) por metro quadrado, ou em Gauss (G), pelo antigo sistema CGS, centímetro/grama/segundo. O T é a unidade de medida de indução magnética e densidade de fluxo magnético, equivalente a um fluxo magnético de 1 Weber por metro quadrado.

Uma carta de declinação magnética (**Figura 4.10**) mostra linhas de mesma declinação no globo terrestre. Desse modo, dependendo do ponto em que se encontra um observador na superfície terrestre, a agulha de sua bússola se desviará do polo norte geográfico para leste ou para oeste. O ângulo de desvio corresponderá à declinação magnética, a não ser que o observador se encontre exatamente no meridiano de declinação zero, onde a agulha indicará o norte geográfico verdadeiro. Assim, um geólogo que esteja trabalhando em Moçambique, região de Tete, para saber o valor da declinação local a ser usado em sua bússola, além de considerar a declinação magnética indicada na carta abaixo, que era cerca de 10° em 1945, precisa considerar também a variação magnética anual do local (crescimento anual de 3' para Oeste) e depois atualizá-la. Além disso, deve-se ter o cuidado de verificar se a declinação é para Oeste ou para Leste. No primeiro caso, o valor obtido deve ser somado ao que foi lido na carta, enquanto no segundo caso é o contrário, ele deve ser subtraído. Por outro lado, se ele for na Península Antártica, na Ilha Rei Jorge, por exemplo, a declinação da bússola agora será para Leste, com valor angular em torno de 12°, não se esquecendo, no entanto, de subtrair desse valor a variação magnética anual, segundo a data de publicação do mapa utilizado.

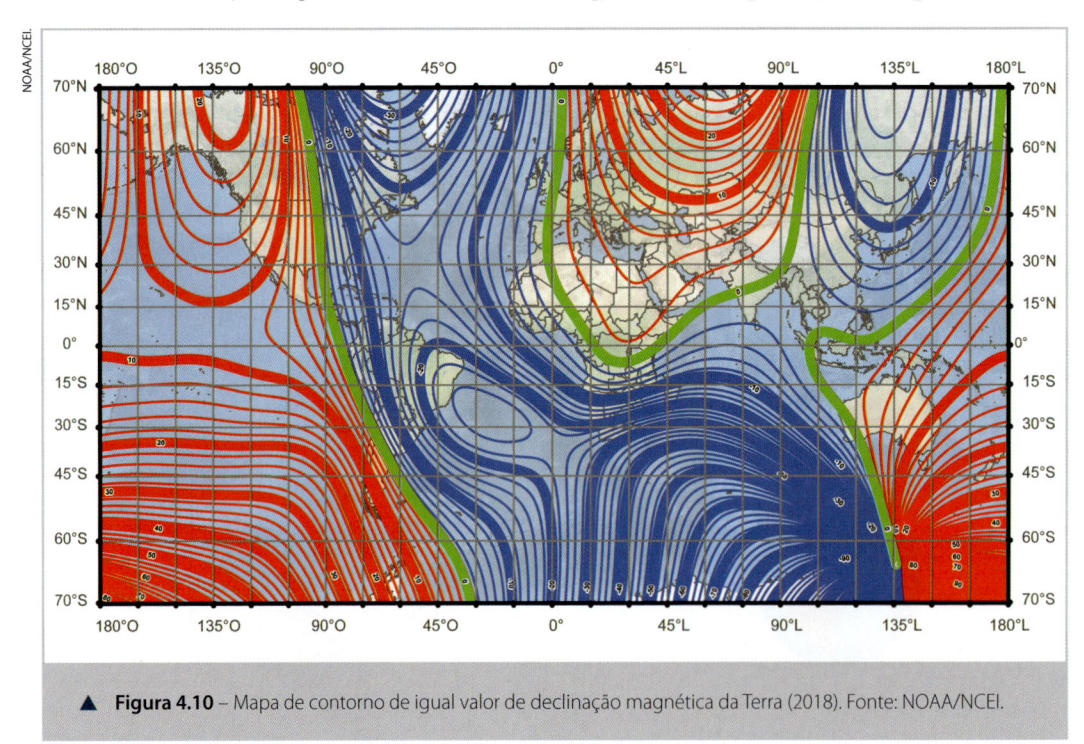

▲ **Figura 4.10** – Mapa de contorno de igual valor de declinação magnética da Terra (2018). Fonte: NOAA/NCEI.

A carta de inclinação magnética (**Figura 4.11**), também chamada carta isomagnética, é semelhante a um mapa de representação dos paralelos do globo terrestre. Esse tipo de carta mostra que a inclinação magnética é de aproximadamente zero próxima ao Equador e aumenta à medida que nos afastamos deste, ou seja, com o aumento da latitude. Portanto, à medida que se desloca uma agulha imantada (livre para girar horizontalmente em torno de um eixo vertical) rumo ao polo magnético (norte ou sul), ela vai se inclinando progressivamente até assumir uma posição vertical, que corresponderá a um dos polos magnéticos da Terra, norte ou sul. Deve-se lembrar que a agulha imantada de uma bússola, mesmo que equilibrada pelo seu centro de gravidade, não permanecerá em posição horizontal, pois sua extremidade, que aponta para o norte, se inclinará para baixo no Hemisfério Norte, enquanto a outra extremidade, que aponta para o sul, se inclinará para cima, ocorrendo o contrário no Hemisfério Sul. Por isso é que se adiciona um contrapeso em um dos pontos da agulha da bússola, de forma que ele compense esse desvio da posição horizontal, em consequência da inclinação magnética.

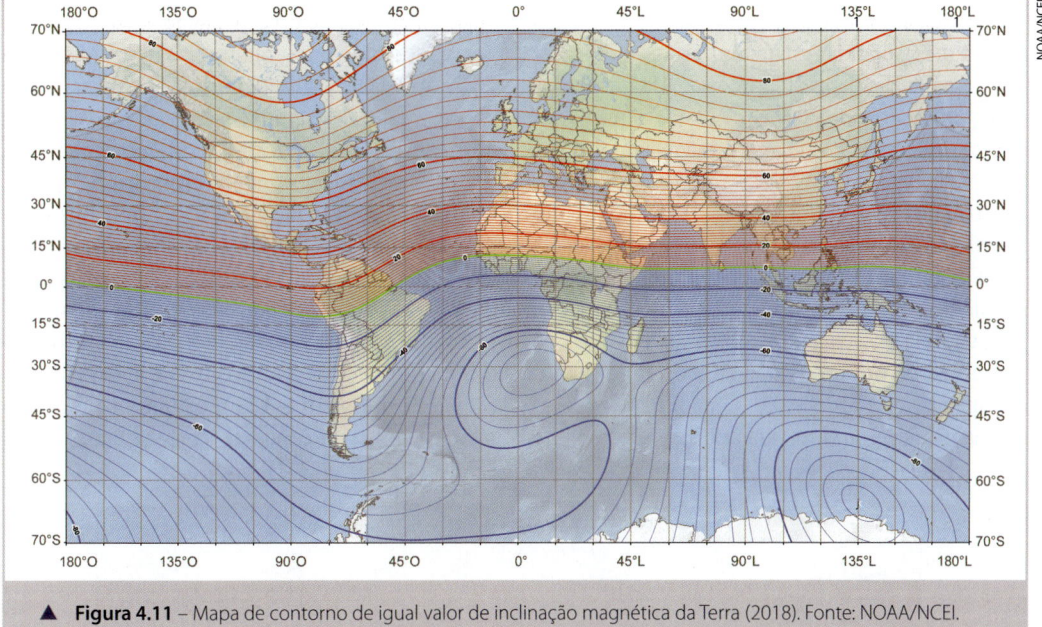

▲ **Figura 4.11** – Mapa de contorno de igual valor de inclinação magnética da Terra (2018). Fonte: NOAA/NCEI.

Portanto, a inclinação magnética é mais acentuada nas regiões de maior latitude, próximas aos polos magnéticos (**Figura 4.11**). Em São Paulo, por exemplo, ela é de cerca de 39° com o polo magnético norte da bússola apontando para cima ou, de outra forma, cerca de 39° com o polo magnético sul da bússola apontando para baixo. Próximo aos polos magnéticos, essa inclinação é ao redor de 90°, pois nessas regiões a direção do campo magnético é praticamente vertical.

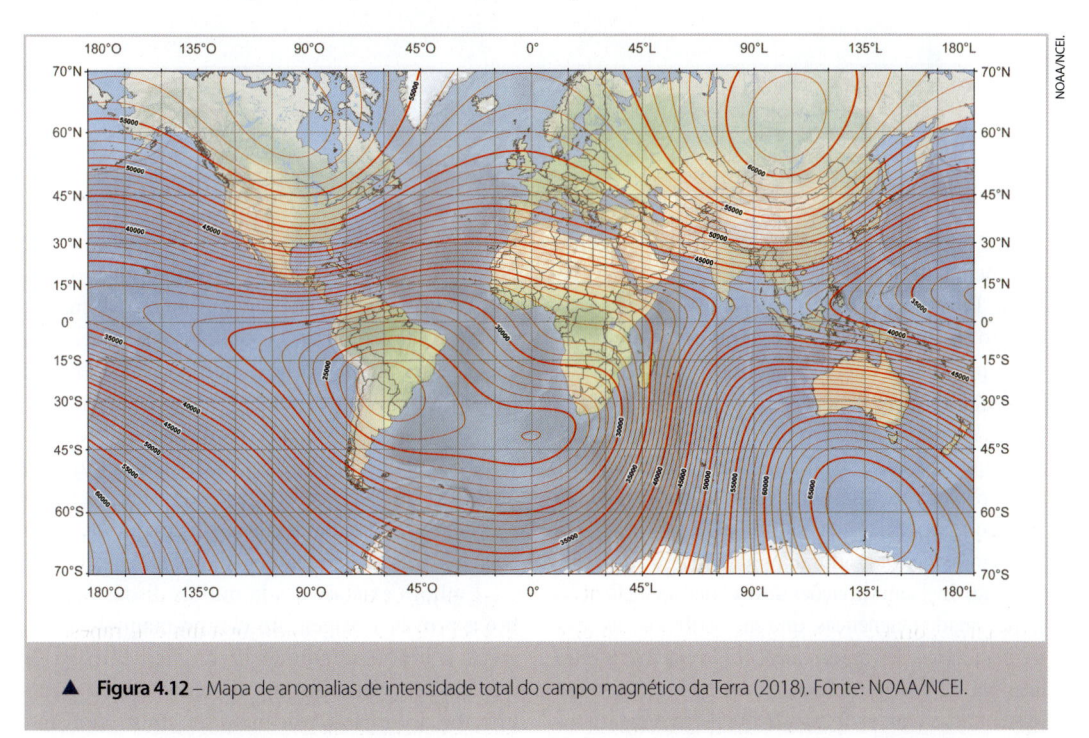

▲ **Figura 4.12** – Mapa de anomalias de intensidade total do campo magnético da Terra (2018). Fonte: NOAA/NCEI.

O mapa de intensidade total do campo magnético (**Figura 4.12**), também chamada carta isodinâmica, mostra as linhas de mesma intensidade projetadas na superfície do globo terrestre. Nota-se que os valores de intensidade do campo magnético da Terra são relativamente fracos e variam entre 27 000 a 46 000 nanoTesla (nT) na região do Equador e entre 58 000 a 66 000 nanoTesla (nT) nas regiões polares.

A **Figura 4.13** mostra o mapa de intensidade magnética vertical do campo magnético terrestre. Destaca-se a existência de anomalias positivas de grande escala no norte da Ásia e no nordeste do continente norte-americano. Uma grande anomalia negativa de grande escala ocorre entre o sul da Austrália e o norte do continente antártico. Essas anomalias não apresentam relação evidente com as grandes feições fisiográficas da superfície do planeta, sendo relacionadas com as propriedades de materiais profundos situados no interior da Terra. Há também anomalias magnéticas locais, que resultam da concentração de minerais magnéticos, como dos depósitos de minérios de ferro, que não podem ser representados em mapas dessa escala. Há métodos geofísicos baseados nas propriedades magnéticas dos minerais que são usados na prospecção de depósitos de minerais.

As **Figuras 4.10** a **4.13** mostram que o campo magnético terrestre possui irregularidades e sua

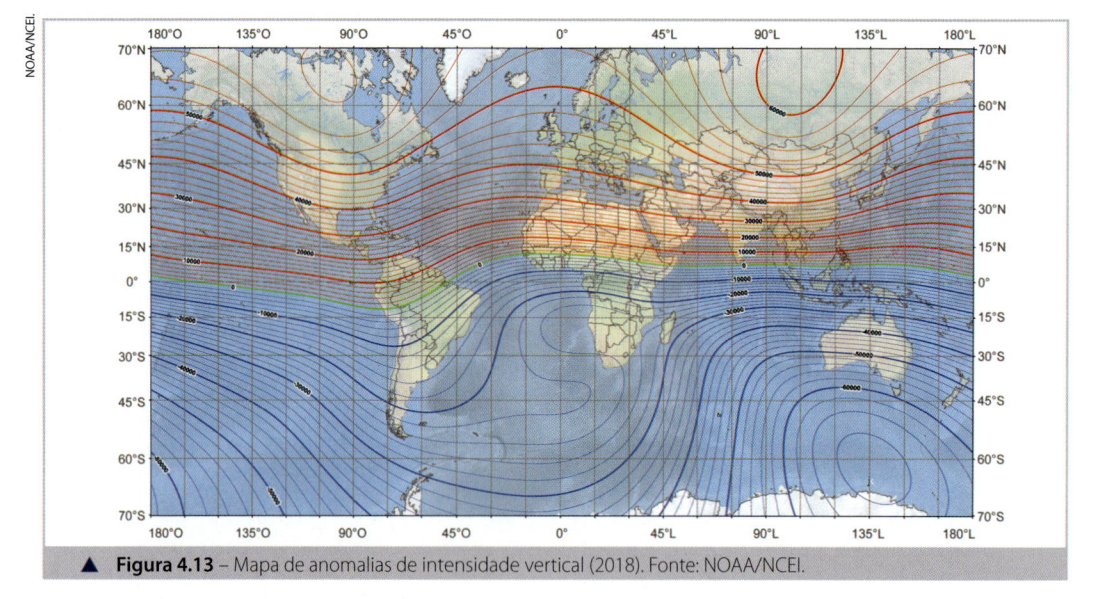

▲ **Figura 4.13** – Mapa de anomalias de intensidade vertical (2018). Fonte: NOAA/NCEI.

melhor aproximação é a de um campo dipolar com eixo inclinado 11° em relação ao eixo geográfico da Terra. Porém, esse dipolo apresenta diferenças em relação ao campo magnético gerado por um dipolo simples. Essas diferenças são responsáveis pelas anomalias geomagnéticas ou campos não dipolares.

As medidas do campo magnético terrestre mostram que ele varia continuamente. Há variações regulares de pequena intensidade, da ordem de 10 nT, que são conhecidas como variações diárias. Há também as de longa duração, chamadas variações seculares. Incluem variações de declinação, inclinação e intensidade magnéticas, que são atribuídas às causas planetárias. Há ainda variações irregulares e mais intensas, da ordem de 1 000 nT ou maiores, que são relacionadas com as tempestades magnéticas. Essas tempestades são comuns e podem levar dias para se dissipar, mas são fenômenos sem periodicidade definida, de difícil previsão, que podem promover distúrbios no sistema de comunicação por rádio. A origem dessas variações na intensidade do campo magnético terrestre tem sido atribuída a correntes elétricas na alta atmosfera, em uma região situada aproximadamente entre 50 a 500 km de altitude, chamada ionosfera. Aqui, os átomos são ionizados pela radiação proveniente do sol e tornam essa camada eletricamente condutora, razão pela qual é usada para radiocomunicação.

Embora existam ainda muitas discussões sobre a provável origem do campo magnético terrestre, a hipótese mais aceita no momento é a de que ele seja causado por correntes elétricas no interior do núcleo, por meio de um mecanismo semelhante ao da geração de correntes elétricas por um dínamo. A rotação da Terra exerce uma força no líquido metálico que compõe seu núcleo externo, sendo ela suficiente para colocá-lo em movimento, cujo resultado é a formação de correntes elétricas que, por sua vez, são responsáveis pela indução de um campo magnético.

Fluxo de calor

Atualmente há perda de calor de origem geotérmica, a partir da superfície da Terra, de cerca de $1,0 \cdot 10^{19}$ Joule por ano, que é muito maior do que o calor dissipado por atividades vulcânicas e terremotos.

Foi visto anteriormente que o estudo da distribuição da temperatura no interior da Terra depende muito do modelo de história térmica adotado, bem como das inferências sobre as composições químicas e propriedades físicas dos materiais iniciais. As medidas de fluxo térmico, efetuadas na superfície terrestre, fornecem apenas seu gradiente térmico mais superficial, que não vai além de pouco mais de 10 km de profundidade.

Em áreas tectonicamente ativas, como nas regiões de cadeias montanhosas mais jovens, as variações de temperatura com a profundidade são mais rápidas do que em áreas estáveis de escudos, em uma relação que pode atingir 4 a 5:1. Medidas de temperatura próximas à superfície terrestre, a partir de minas subterrâneas e de sondagens profundas nos continentes ou nos oceanos (5 a 6 km), têm mostrado que a temperatura cresce com a profundidade. Esses dados, com outros tipos de informações geológicas (diretas e indiretas), têm possibilitado estabelecer valores relativos de variação de temperatura com a profundidade, que é chamado grau geotérmico. Em geral, o grau geotérmico na crosta é da ordem de 20 a 30 °C/km, mas pode atingir valores anômalos extremamente baixos, de 5 a 10 °C/km, ou extremamente altos, de 80 a 100 °C/km.

Os dados de calor de origem geotérmica, obtidos para diferentes regiões tectônicas do planeta, mostram valores baixos e uniformes para as áreas de escudos (**Tabela 4.1**), que são compatíveis com a longa história de estabilidade desses segmentos crustais pré-cambrianos. Esses valores são ligeiramente mais baixos do que os obtidos em áreas fanerozoicas (orogênicas e não orogênicas) e paleozoicas (orogênicas), assim como em áreas de arcos de ilhas. Por outro lado, valores mais elevados são encontrados em áreas orogênicas mesozoicas-cenozoicas e em áreas vulcânicas cenozoicas, que mostram a forte dependência da intensidade do fluxo térmico com a idade e natureza da litosfera.

Tabela 4.1 – Valores de fluxo térmico das principais Províncias Fisiográficas da Terra

Províncias tectônicas	N	F
Bacias oceânicas	273	5,36
Cadeias oceânicas	338	7,62
Fossas oceânicas	21	4,14
Outros oceanos	281	7,16
Escudos pré-cambrianos	26	3,85
Áreas não orogênicas fanerozoicas	23	6,45
Áreas orogênicas fanerozoicas	68	5,95
Áreas orogênicas paleozoicas	21	5,15
Áreas orogênicas mesozoicas-cenozoicas	19	8,04
Áreas de arcos de ilhas	28	5,69
Áreas vulcânicas cenozoicas	11	9,04

▲ N = Número de observações; F = Fluxo térmico em J/s m². Fontes: Wyllie, 1971; após Lee e Uyeda, 1965.

Os valores de calor de origem geotérmica nos oceanos situam-se essencialmente no mesmo intervalo. Porém, a distribuição global de origem geotérmica no mapa da superfície terrestre mostra que as regiões com valores mais elevados estão associadas com segmentos de cadeias mesoceânicas, particularmente nos limites leste da Placa Sul-Americana, oeste da Placa de Nasca e entre a Placa Antártica e a Placa Australiana-Indiana (**Figura 4.14**). Nesses setores, os valores de calor de origem geotérmica são cerca de quatro a sete vezes (ou mais) superiores aos das regiões oceânicas que circundam grande parte dos continentes. Por outro lado, as áreas continentais pré-cambrianas apresentam valores muito próximos aos das regiões oceânicas afastadas das cadeias mesoceânicas.

A **Figura 4.15** ilustra o contraste dos valores de calor de origem geotérmica entre a crista da cadeia mesoceânica com seus flancos e a região do assoalho oceânico até uma distância de 1 000 km, que reforça assim as observações já enfatizadas

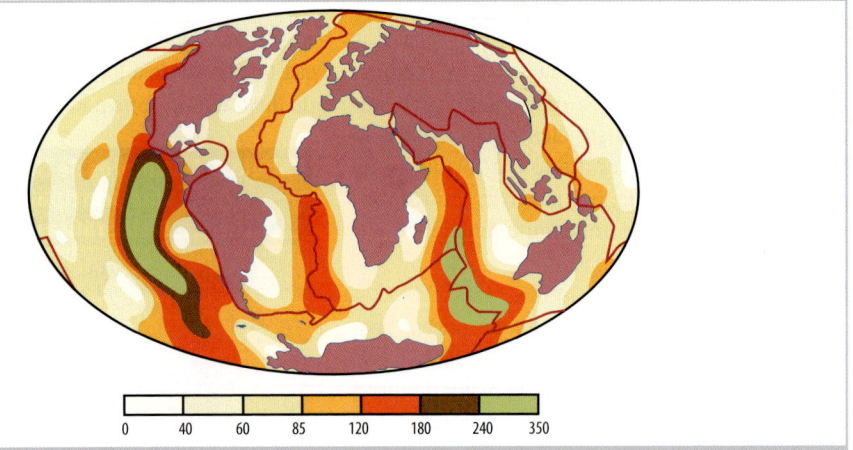

Figura 4.14 – Mapa de distribuição global do calor de origem geotérmica em todo o globo. Fontes: Ernesto et al. 2009; após Pollack et al., 1993. As linhas contínuas mais espessas (em cor vermelha) representam os limites de placas litosféricas, enquanto as mais finas (em cor azul) correspondem aos limites das áreas continentais. As áreas de calor de origem geotérmica mais elevado (em verde ou verde-claro) coincidem com as regiões das dorsais mesoceânicas, enquanto as áreas de calor de origem geotérmica mais baixo (em branco) concentram-se às margens dos continentes.

anteriormente. Por outro lado, os perfis de calor de origem geotérmica ao longo dos arcos de ilhas do sudeste do Japão mostram valores mais baixos próximos ao eixo das fossas oceânicas e mais elevados (cerca de duas vezes) no seu lado continental.

A existência de calor de origem geotérmica mais elevado na crista das cadeias mesoceânicas tem suscitado muitas discussões. Uma das hipóteses postuladas é que o calor produzido no manto suboceânico e trazido à superfície por convecção seria o responsável por isso. Considera-se que a topografia elevada na região da cadeia mesoceânica e o seu vale central sejam produzidos pela divisão dos ramos ascendentes das correntes de convecção do manto. A alta temperatura do manto explicaria o calor de origem geotérmica extremamente alto encontrado na parte central da referida cadeia. Essa interpretação, além de representar uma forte evidência em favor da presença de correntes de convecção no manto, constitui-se ainda em um argumento favorável aos defensores da Teoria da Deriva Continental, que consideram essas correntes como o principal mecanismo responsável pela ruptura dos continentes e sua posterior deriva.

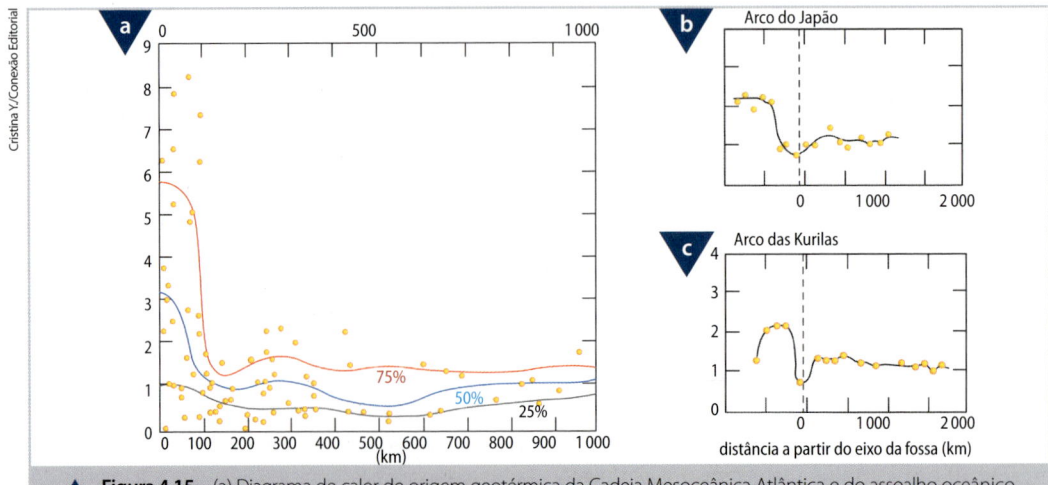

Figura 4.15 – (a) Diagrama de calor de origem geotérmica da Cadeia Mesoceânica Atlântica e do assoalho oceânico até uma distância de 1 000 km da crista da cadeia. (b, c) Perfil de calor de origem geotérmica ao longo de arcos de ilhas da região do Japão. Fontes: Lee e Uyeda, 1965; Vacquier et al., 1966.

Quadro 4.1 – Tomografia do interior da Terra

A exemplo da Medicina, que usa tomografia computadorizada para obter de imagens do corpo humano e fazer diagnósticos, a Geologia também emprega a mesma técnica para a obtenção de imagens da Terra, com o objetivo de investigar seu interior. Os estudos realizados, além de confirmar a presença de heterogeneidades identificadas anteriormente no manto com base no estudo do comportamento das ondas sísmicas, têm permitido ainda fazer o mapeamento lateral (e vertical) dessas feições no interior da Terra.

A tomografia computadorizada baseia-se nos mesmos princípios da radiografia tradicional, correspondendo na realidade a uma evolução tecnológica desta, porém usa uma radiação mais elevada e produz imagens de alta resolução. São imagens em tons de cinza de "fatias" de partes do corpo (ou da Terra) ou de órgãos selecionados, as quais são geradas graças ao processamento efetuado por um computador de uma sucessão de imagens de raios X de alta resolução, que são depois integradas para obter uma visão tridimensional do que está sendo investigado.

Sabe-se que as velocidades das ondas sísmicas, para uma mesma profundidade, são diversas em diferentes partes do globo, o que significa dizer que a Terra não é homogênea internamente. Uma das explicações para isso é a transferência em grande escala de material mais frio (mais denso) da superfície para o interior, onde o material é mais quente (menos denso). Esse tipo de situação ocorre em regiões de limites convergentes de placas, como no sudeste da Ásia e na costa oeste da América do Sul e dos EUA. Nessas regiões, a subducção da litosfera oceânica leva para o manto superior porções da litosfera mais fria (mais densa), na qual a velocidade de propagação das ondas sísmicas é maior do que nas áreas vizinhas, mais quentes (menos densas). Essas regiões de maior velocidade das ondas sísmicas correspondem muitas vezes a segmentos de placas litosféricas que se aprofundaram no manto e podem ser seguidos por mais de 1 000 km. Nas zonas de subducção (zona de Benioff), os resultados da tomografia sísmica fornecem informações sobre a inclinação e a geometria das mesmas.

A **Figura 4.16** é uma imagem de tomografia computadorizada até o limite do manto com o núcleo. A imagem foi obtida ao longo de um perfil que se estende por cerca de 7 000 km, desde o Hemisfério Sul nas regiões vulcânicas de Shona e Bouvet, junção das cadeias mesoceânicas do Atlântico Sul e do Índico, até a região do Triângulo de Afar, extremo nordeste da África. As regiões da figura em tons vermelhos correspondem àquelas onde a velocidade das ondas sísmicas é mais baixa (material mais quente e menos denso) e contrastam com as regiões de tons azulados (material mais frio e mais denso), nas quais a velocidade das ondas é mais alta. Conclui-se, então, com base nas imagens de tomografia, pela existência de importantes heterogeneidades no interior do planeta que se propagam em profundidade por todo o manto. Essas heterogeneidades são atualmente atribuídas à combinação de propriedades químicas, térmicas e mudanças de fase (Trampet et al., 2004).

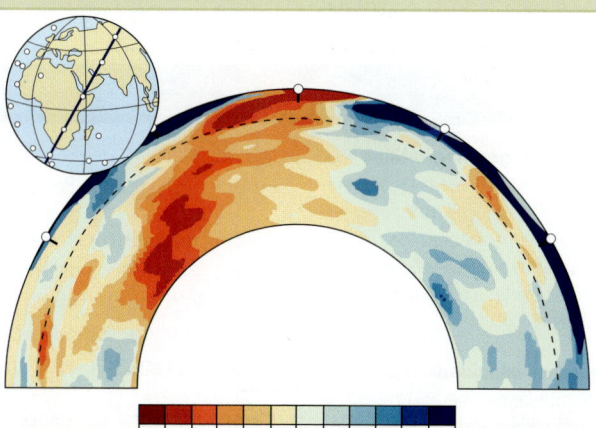

▲ **Figura 4.16** – Tomografia computadorizada do interior da Terra ao longo de um perfil passando pelo leste da África e parte central da Ásia. As regiões em tons avermelhados são aquelas onde a velocidade de penetração das ondas sísmicas é mais baixa (material mais quente e menos denso), enquanto as de tons azulados são aquelas onde a velocidade é mais alta (material mais frio e mais denso). Fonte: Ritsema et al., 1999.

Revisão de conceitos

- A crosta é a camada externa da Terra, com espessura entre 25 e 50 km nas áreas continentais e entre 5 e 10 km nas áreas oceânicas, que é separada do manto por uma descontinuidade de primeira ordem denominada Mohorovičić (ou simplesmente Moho).

- A astenosfera é uma região situada logo abaixo da base da crosta, na parte superior do manto, onde ocorre redução de velocidade das ondas sísmicas, em função da presença de material no estado mais ou menos maleável (plástico) ou como fluido muito viscoso.

- A litosfera, composta pela crosta e por uma parte do manto superior, constitui uma camada mais rígida que contrasta com uma região mais maleável (plástica), abaixo desta, conhecida como astenosfera ou como zona de baixa velocidade das ondas sísmicas.

- O manto é a camada intermediária da Terra, situada entre a crosta e o núcleo, com espessura de cerca de 2 800 km, constituída por rochas ultramáficas ricas em silicatos ferro-magnesianos, como minerais dos grupos da olivina ($FeMgSiO_4$) e dos piroxênios ($Mg_2Si_2O_6$ e $CaMgSi_2O_6$).

- O núcleo é a camada mais interna da Terra, situada logo abaixo da descontinuidade de Gutenberg (2 900 km de profundidade), e é constituída predominantemente por uma liga de ferro e níquel. Ele é dividido em duas partes: o núcleo interno, sólido, com um raio de 2 120 km, e o núcleo externo, líquido, com um raio de 1 250 km.

- O magnetismo terrestre se deve ao comportamento dipolar da Terra, que é responsável pela existência dos polos magnéticos, norte e sul, e possui intensidade suficiente para promover a orientação de uma agulha imantada situada em qualquer ponto de sua superfície. A origem do magnetismo terrestre tem sido atribuída ao movimento da matéria no núcleo externo líquido, gerado de forma análoga ao mecanismo de produção de correntes elétricas por um dínamo.

Atividades

1. Com base no mapa de espessura crustal do Brasil, publicado por Assumpção et al. (2013), identifique:
   a. as áreas de maior espessura crustal e as províncias geológicas correspondentes;
   b. as áreas de maior afinamento crustal e as estruturas geológicas relacionadas.

2. Compare o mapa de espessura crustal do Brasil, referido na atividade anterior, com o dos EUA (**Figura 4.5a**, deste capítulo) e identifique as províncias geológicas com maiores espessuras crustais e explique as razões disso.

GLOSSÁRIO

Anomalias magnéticas ou geomagnéticas: São mudanças no campo magnético terrestre local ou regional. As anomalias magnéticas locais relacionam-se com a presença de minerais magnéticos nas rochas próximas à superfície, enquanto as anomalias magnéticas regionais têm sido relacionadas a correntes elétricas geradas no interior do núcleo da Terra.

Astenosfera (zona de baixa velocidade): Parte superior do manto com profundidade entre 100 e 250 km, onde ocorre diminuição de velocidade das ondas sísmicas, resultante de mudanças das condições físicas do material rochoso, ou seja, passa-se de material com comportamento rígido que se deforma de maneira quebradiça (rúptil) para material de comportamento mais maleável (plástico ou dúctil) que se deforma de maneira plástica, de forma análoga ao piche ou asfalto.

Campo magnético: O magnetismo da Terra causa desvios (inclinações e declinações) de ímãs diferentes de acordo com suas posições no globo. Medindo essas características, define-se como a força magnética que varia no espaço e no tempo.

Campo dipolar: É um campo simétrico em relação às rotações em torno de um eixo particular.

Condução: Transferência de calor por meio da matéria sem que haja o seu deslocamento.

Convecção: Deslocamento de matéria e calor juntos.

Declinação magnética: Ângulo horizontal formado entre o meridiano geográfico e o meridiano magnético.

Força centrífuga: Força que atua sobre um objeto em virtude da aceleração centrífuga produzida pelo movimento de rotação da Terra.

Força gravitacional: Força de atração exercida sobre um objeto pela massa da Terra.

Gradiente geotérmico: Ver **Grau geotérmico**.

Grau geotérmico: Variação de temperatura com a profundidade no interior da Terra.

Inclinação magnética: Ângulo de mergulho do campo magnético local formado com a horizontal.

Modelo: Os fenômenos como transferência de calor e de matéria são regidos por leis matemáticas, conhecidas pelos cientistas. Porém, os parâmetros relacionados com o núcleo da Terra, como composição, temperatura, pressão etc., são conhecidos apenas de forma indireta, razão pela qual é necessário o desenvolvimento de modelos físicos e matemáticos para avaliar a melhor correspondência entre os dados observados e calculados.

Paleomagnetismo: Magnetização fóssil induzida pelo campo magnético da Terra no momento de formação da rocha. Ele se baseia nas propriedades magnéticas dos minerais e na premissa de que o campo magnético terrestre é análogo a um campo dipolar e que ele, no passado, foi idêntico ao atual.

Peridotito: Rocha plutônica ultramáfica, rica em magnésio e ferro, composta de olivina e piroxênios, ricos ou pobres, e cálcio.

Radiação: Transferência de energia por meio de fótons de regiões mais quentes para regiões mais frias.

Sismógrafo: Aparelho que registra a amplitude e a frequência de vibrações produzidas por ondas sísmicas.

Tempestade magnética: Variação irregular e forte do campo magnético da Terra. Variação magnética.

Variações diárias: São variações magnéticas regulares de pequena intensidade, da ordem de 10^{-4} Gauss, que ocorrem ao longo de um dia.

Variações seculares: São variações magnéticas de longa duração, que afetam a declinação, a inclinação e a intensidade, atribuídas a causas planetárias.

Viscosidade: Resistência apresentada por um fluido à alteração de sua forma, ou seja, a dificuldade que ele oferece ao escoamento. Assim, a viscosidade é o inverso da fluidez.

Zona de baixa velocidade: Ver **astenosfera**.

Referências bibliográficas

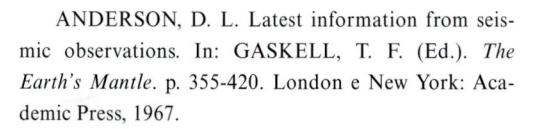

ANDERSON, D. L. Latest information from seismic observations. In: GASKELL, T. F. (Ed.). *The Earth's Mantle*. p. 355-420. London e New York: Academic Press, 1967.

ARCHAMBEAU, C. B.; FLINN, E. A.; LAMBERT, D.G. Fine structure of the upper mantle. *Journal of Geophysical Research*, vol. 74, p. 5825-5865, 1969.

ASSUMPÇÃO, M. et al. Crustal Thickness map of Brazil: data compilation and main features. *Journal South America Earth Sciences*, 2013, vol. 43, p. 74-85.

BULLARD, E.; FREEDMAN, C.; GELLMAN, H.; NIXON J. The westward drift of the earth's magnetic field. *Philosophical Transactions Royal Society London*, n. 59, vol. 243, p. 67-92. 1950.

BULLEN, K. Basic evidence for earth divisions. In: GASKELL T. F. (Ed.). *The Earth's Mantle*. Cap. 2, p.11-39, London e New York: Academic Press, 1967.

DORMAN, J. Seismic surface-wave data on the upper mantle. In: HART, P. J. *The Earth's Crust and Upper Mantle*. American Union Geophysical Monograph, n.13, Cap. 6, 257-265, Washington, 1969, 736 p.

ERNESTO, M.; MARQUES L. S.; MCREATH, I.; USSAMI, N.; PACCA, I. I. Decifrando a Terra. In: TEIXEIRA, W; FAIRCHILD, T. R.; TOLEDO, M. C. M.; TAIOLI, F. *Decifrando a Terra*. Cap. 2, p. 50-77. São Paulo: Companhia Editora Nacional, 2. ed., 2009, 623p.

_____ et al. Decifrando a Terra. In: TEIXEIRA, W. et al. (Orgs.) *Decifrando a Terra*. São Paulo: Oficina de Textos, 2000, p. 64-82.

_____ et al. O interior da Terra. In: TEIXEIRA W. et al (Orgs.) *Decifrando a Terra*. São Paulo: Companhia Editora Nacional, 2009, p. 50-77.

JACOBS, J. A.; RUSSEL, R. D.; WILSON, J. T. *Physics and Geology*. New York, Toronto e London: McGraw-Hill, 1959, 424p.

KNOPOFF, L. The thermal convection in the earth's mantle. In: GASKELL, T. F. (Ed.). *The Earth's Mantle*. p. 171-196. London e New York: Academic Press, 1967.

LEE, W. K. H.; UYEDA, S. Review of heat data. In: LEE, W. K. H. (Ed.). Terrestrial Heat Flow. *Geophysical Monograph*, n. 8, Cap. 6, p. 87-186. Washington: American Geophysical Monograph Union, 1965.

LUBIMOVA, E. A. Thermal history of the earth with consideration of the variable thermal conductivity of the mantle. *Geophysical Journal of International*. Vol. 1, n. 2. p. 115-134, 1958.

PACCA, I. I. G.; McREATH, I. Decifrando a Terra. In: TEIXEIRA, W. et al. (Orgs.) *Decifrando a Terra*. São Paulo: Oficina de Textos, 2000. p. 83-96.

PARK, R.G. *Geological Structures and Moving Plates*. Londres: Blackie Academic & Profissional, 1995. 337 p.

POLLACK H. N.; HURTER, S.J.; JOHNSON, J. R. Heat flow from the earth's interior: analysis of the global data set. *Review of Geophysics*, n. 3, p. 267-280, 1993.

PRESS, F. et al. *Para entender a Terra*. Tradução: R. Menegat, P. C. D. Fernandes, L. A. D. Fernandes, C. C. Porcher. Porto Alegre: Bookman, 2006. p. 83-96.

PRESS, F. Earth models obtained by Monte Carlo inversion. *Journal of Geophysical Research*. Vol. 73, p. 522--523, 1968.

RITSEMA, J.; H. J., HEIJST, V.; WOODHOUSE, J. H. Complex shear velocity structure imaged beneath Africa and Iceland. *Science*, vol. 286, n. 5 446, p.1925-1928, 1999.

TAKEUCHI, H. et al. *Terra, um planeta em debate:* introdução à Geofísica pela análise da Deriva Continental. Tradução: N. R. Ruegg. São Paulo: Edart/Edusp, 1974. 186 p.

VACQUIER, V M. S.; UYEDA, S.; YASUI, S; CLATER J.G., CORRY, C.; WATANABE, T. Heat flow measurements in the northwestern Pacific. *Bulletim Earthquake Research of the Tokyo Institute*. Vol. 44, p. 1519-1535, 1966.

VESTINE, E.; LANGE, I.; LAPORT, L.; SCOTT, W. E. The geomagnetic field, its description and analysis. *Carnegie Institution of Washington Publication*, Publication n. 580, 1947. 340 p.

WYLLIE, P. J. *The Dynamic Earth*: Textbook in Geosciences. New York: John Wiley & Sons, Inc., 1971. 416 p.

CAPÍTULO 5
Tectônica de Placas
Maria da Glória Motta Garcia e
Rômulo Machado

Principais conceitos

▶ As principais feições fisiográficas observadas na superfície terrestre são resultantes da combinação entre os processos endógenos causadores dos movimentos dos continentes e os processos exógenos que atuam na modelagem do relevo.

▶ A Deriva Continental, a Expansão do Fundo Oceânico e os estudos de paleomagnetismo foram essenciais para a elaboração da Teoria da Tectônica de Placas, também conhecida hoje como Tectônica Global.

▶ A Tectônica de Placas, formulada no fim da década de 1960, é a teoria que mais revolucionou as Ciências da Terra ao longo dos tempos. O fundamento para explicar a dinâmica da Terra, ao contrário do que pensavam muitos cientistas anteriormente, não estava nos movimentos verticais, mas sim nos movimentos horizontais extremamente "rápidos" em termos de escala do tempo geológico (2 a 10 cm/ano), capazes de produzir afastamentos entre as massas continentes da ordem de centenas a milhares de quilômetros em um intervalo de 100 milhões de anos.

▶ A camada externa e sólida da Terra, ou seja, a litosfera, é constituída de sete grandes placas tectônicas e mais seis ou sete placas tectônicas menores. Segundo a Teoria da Tectônica de Placas, essas placas são geradas nas zonas de divergência, ou "zonas de rifte" ou cadeias mesoceânicas, e são consumidas em zonas de subducção. É no limite entre as placas que se registram mais de ⅔ dos terremotos e dos vulcões ativos na Terra.

▶ A litosfera terrestre é dividida em segmentos ou placas tectônicas, que deslizam sobre uma camada mais plástica chamada astenosfera, cuja interação é feita segundo limites convergentes, divergentes ou conservativos.

▶ A configuração atual dos continentes é diferente da configuração que eles apresentavam no passado e sua história geológica é caracterizada por vários períodos de aglutinação (ou junção) e de separação entre eles, denominados de ciclos de Wilson ou de Formação dos Supercontinentes.

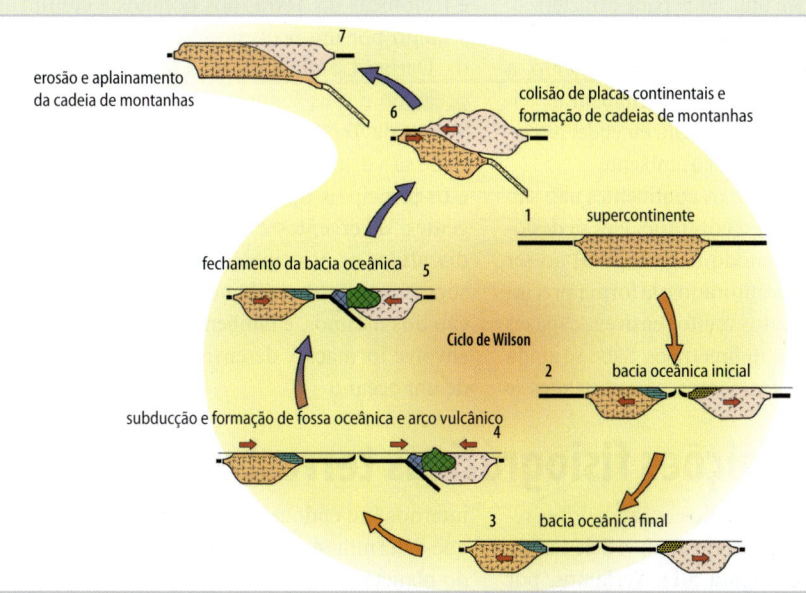

▲ Ciclo de Wilson mostrando suas diferentes etapas: fragmentação de um supercontinente (1 a 2), formação (2 e 3) e fechamento (4) de uma bacia oceânica com margens passivas em ambos os lados dos continentes (2 e 3) e uma margem passiva (de um lado) e outra ativa (no lado oposto) com subducção da litosfera oceânica para debaixo do continente (4) e fechamento progressivo da bacia (5), colisão de duas placas continentais (6), erosão e aplainamento da cadeia de montanhas (7). Fonte disponível em: <http://metamorfismoerochasmetamorficas-esrt.blogspot.com/2014/03/ciclo-dewilson.html>. Acesso em: 19 jul. 2019.

Introdução

Durante uma longa viagem de carro ou de trem, observa-se que a paisagem e o relevo vão se modificando durante o percurso. Regiões de montanhas dão lugar a planícies, regiões litorâneas são substituídas por serras ou planaltos, rios meandrantes e de águas tranquilas transformam-se em rios caudalosos e com muitas cachoeiras, regiões com densa cobertura vegetal são substituídas por regiões áridas ou desérticas, em uma sucessão de mudanças de paisagens por vezes tão contrastantes que desafiam a argúcia dos pesquisadores para explicar sua formação. Essas feições, denominadas fisiográficas, correspondem à fisionomia externa do nosso planeta e são o reflexo direto de processos que ocorrem tanto no interior como na superfície, responsáveis por sua constante transformação. A distribuição espacial da população no planeta é fortemente dependente das feições fisiográficas e apresenta relação com as condições climáticas e com os movimentos tectônicos, refletindo-se na própria cultura do povo. Os recursos naturais (água, minérios e petróleo), por exemplo, responsáveis pela fixação geográfica de diversos grupos humanos, estão relacionados diretamente à composição do subsolo e podem, portanto, ser utilizados para caracterizar, quantificar e mesmo prever padrões de distribuição populacional em determinadas regiões. Portanto, a compreensão dos processos que determinam as feições fisiográficas é indispensável para entender a relação entre a humanidade e o meio ambiente.

Sabe-se hoje em dia que os continentes não são e nunca foram estáticos, ao contrário, eles se deslocam continuamente de modo imperceptível ao ser humano e podem ser monitorados de forma precisa com o uso de instrumentos muito sensíveis, capazes de medir deslocamentos milimétricos. Sabe-se ainda que, por meio desses movimentos, os continentes se separaram e se reagruparam várias vezes ao longo da história geológica da Terra, segundo ciclos que se repetem continuamente. Continentes que hoje se encontram no Hemisfério Norte, por exemplo, já estiveram no Hemisfério Sul e vice-versa, assim como regiões que atualmente se encontram separadas por vastos oceanos já estiveram unidas no passado.

Essas afirmações parecem óbvias atualmente, porém não eram no passado. Somente o conhecimento acumulado ao longo do tempo permitiu que o tema fosse tratado com maior clareza. O primeiro mapa geológico de que se tem notícia foi publicado por William Smith em 1815, na Inglaterra, e surgiu pouco antes da divulgação das ideias sobre o uniformitarismo de James Hutton, considerado o pai da Geologia moderna. O grande postulado dessa nova corrente de pensamento geológico foi "o presente é a chave do passado", ou seja, as leis que controlam os processos geológicos atuais são as mesmas que controlaram os processos no passado.

Este capítulo inicia-se com uma breve descrição e conceituação das principais feições fisiográficas e tectônicas da Terra, dos oceanos e continentes, seguido por um pequeno histórico sobre a Teoria da Deriva Continental e a expansão do assoalho oceânico e seus fundamentos, antes de entrar na Teoria da Tectônica de Placas propriamente dita, onde são discutidos seus princípios e mecanismos, e os principais tipos de limites de placas: convergentes, divergentes e conservativos. Por fim, são discutidos os principais períodos de formação dos supercontinentes, incluindo aglutinação e separação dos mesmos, e também o ciclo de Wilson, que envolve formação, desenvolvimento e fechamento de um oceano.

As grandes feições fisiográficas terrestres

Se toda a água existente nos oceanos fosse removida, seria possível observar a superfície terrestre na sua totalidade (**Figura 5.1**). Veríamos, por exemplo, que as extensas cadeias de montanha não estão limitadas aos continentes e o fundo oceânico também apresenta grandes elevações e profundas depressões (**Tabela 5.1**). Essas feições resultam da atuação de forças relacionadas a processos internos (ou endógenos) e externos (ou exógenos), que determinam a configuração final da fisiografia do planeta. Enquanto os processos de intemperismo, erosão e transporte de sedimentos promovem a destruição e aplainamento do relevo, os movimentos de placas litosféricas agem na sua construção, ambos influenciados por processos de reajuste isostático (**Quadro 5.1**).

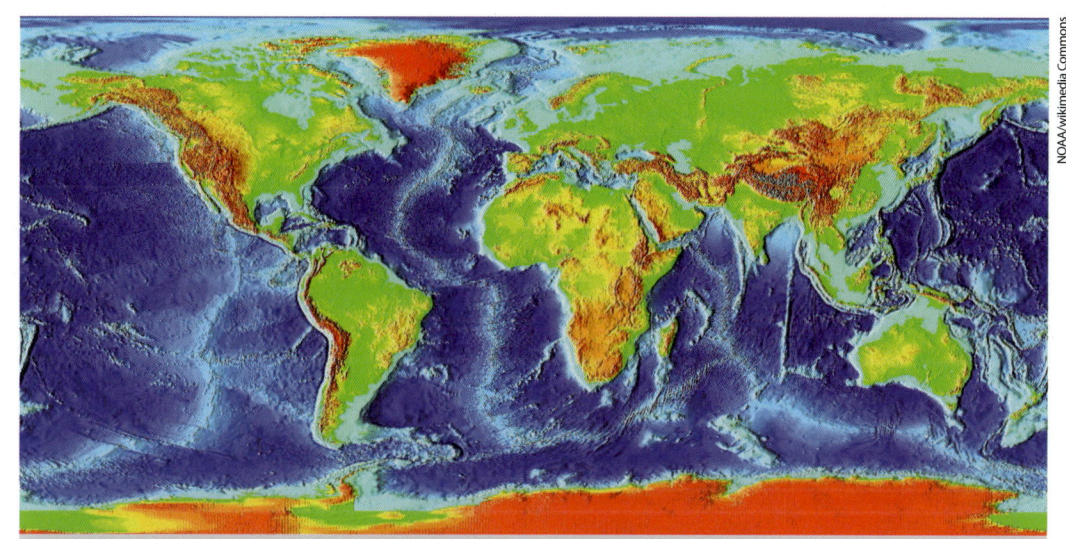

▲ **Figura 5.1** – Relevo geral da superfície do planeta: continentes e oceanos. Fonte disponível em: <www.ngdc.noaa.gov/mgg/>. Acesso em: 19 fev. 2019.

Tabela 5.1 – Comparação entre a distribuição da superfície terrestre nos continentes e oceanos

	Área (%)	Área × 10^6 (km²)	Altitude ou profundidade médias (m)	Altitude máxima (m)	Profundidade máxima (m)
Continente	29,2	140	840	Monte Everest: 8 850	Mar Morto: 418
Oceano	70,8	360	3 800	Mauna Kea (Havaí): 10 203	Fossa das Marianas: 11 033

Fonte: Wyllie, 1971.

Quadro 5.1 – Tudo é uma questão de equilíbrio!

Como será visto mais adiante, a erosão e outros processos exógenos atuam na superfície do planeta e promovem a remoção e o transporte de materiais das regiões mais elevadas para as mais baixas. Como esses processos parecem atuar na superfície terrestre desde o início da formação do planeta, o resultado deveria ser o aplainamento gradual do relevo terrestre e a homogeneização geral de suas altitudes. Entretanto, não é isso que se observa na superfície da Terra, pois existem montanhas elevadas, como o Himalaia, e depressões profundas, como a Fossa das Marianas, localizada no sudeste da Ásia, que se opõem ao resultado esperado desse processo. O que origina esses grandes desníveis verticais? Quais são as forças que se contrapõem ao processo de erosão e ao movimento das placas e sua interferência na modelagem do relevo?

A existência de altas montanhas e de profundas fossas submarinas na superfície da Terra pode ser explicada pelo processo da isostasia, que é baseado no princípio descoberto por Arquimedes, segundo o qual todo corpo submerso em um fluido experimenta um empuxo vertical e para cima igual ao peso do fluido deslocado. Imagine-se uma pilha de blocos pequenos de madeira homogêneos, formada por blocos de espessuras distintas, colocados uns sobre os outros e imersos em um líquido de densidade maior que a da pilha de blocos, de forma similar a um *iceberg* (**Figura 5.2**), cuja porção visível acima do nível da água corresponde a somente cerca de 10% do volume do bloco de gelo. Se forem retirados um a um os blocos superiores, a porção imersa será gradativamente elevada de forma que a proporção original (10:90%) seja mantida. De maneira análoga, esse processo de ajuste natural dos blocos (de diferentes tamanhos e espessuras) ocorre também na crosta para restabelecer o estado de equilíbrio isostático.

Existem dois modelos que tentam explicar como a isostasia atua nos blocos crustais. Pelo Modelo de Pratt (**Figura 5.3a**), a base da crosta estaria a uma profundidade constante em toda sua extensão e as diferenças de relevo seriam função das densidades relativas dos materiais. A formação das grandes montanhas é explicada pelo fato de o material menos denso "flutuar" sobre o material mais denso. Se forem consideradas as densidades relativas das crostas continental (2700 kg/m^3) e oceânica (3300 kg/m^3), esse modelo explicaria por que as áreas continentais, mais leves possuem altitudes maiores do que as áreas oceânicas, mais pesadas (densas).

Pelo Modelo de Airy (**Figura 5.3b**), ao contrário, a densidade da crosta seria sempre constante e a altitude da montanha seria proporcional à profundidade das suas "raízes". Grandes cadeias de montanhas teriam, portanto, "raízes" muito profundas (cerca de cinco a seis vezes a sua altitude) e as diferentes altitudes seriam proporcionais às espessuras. Na realidade, sabe-se atualmente que ambos os modelos são aplicáveis a diferentes regiões do planeta e os processos isostáticos naturais resultam da combinação dos dois modelos.

Vários fatores podem afetar o equilíbrio isostático de uma região e acionar os chamados mecanismos de compensação isostática, que nada mais são do que a busca do estado de equilíbrio entre os diversos blocos que compõem a litosfera terrestre. Por exemplo, a erosão e o transporte de grande quantidade de material causam redução localizada de massa e promovem o soerguimento, enquanto a deposição de espessas camadas de sedimentos produz o efeito contrário, ou seja, o abatimento da região. Ambos atuam de forma a restabelecer o equilíbrio isostático.

A colisão entre os continentes, provocada pelo movimento horizontal das placas tectônicas, produz um espessamento localizado da crosta e desencadeia o reajuste isostático com elevação da parte superior dessa crosta e formação de uma cadeia de montanhas. Os processos de erosão das partes mais altas e consequente soerguimento por isostasia se repetem continuamente durante longos períodos, até que as porções mais internas das montanhas sejam expostas. Isso explica por que algumas rochas, formadas em regiões profundas da crosta ou mesmo do manto, são expostas em superfície. Há várias regiões no Hemisfério Norte (Escandinávia, Canadá e Groenlândia), que vêm sendo submetidas nos últimos 20 mil anos à compensação isostática em função da remoção da camada de gelo, que causa perda de massa por degelo e subsequente elevação, tanto do continente, por compensação glácio-isostática, como do nível do mar, por glácio-eustasia (**Figura 5.4**).

▲ **Figura 5.2** – Imagem de um *iceberg* no Parque Glacial de Perito Moreno, Província de Santa Cruz, El Calafate, Argentina.

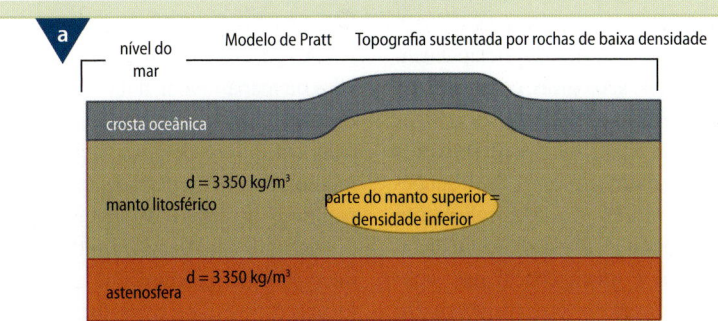

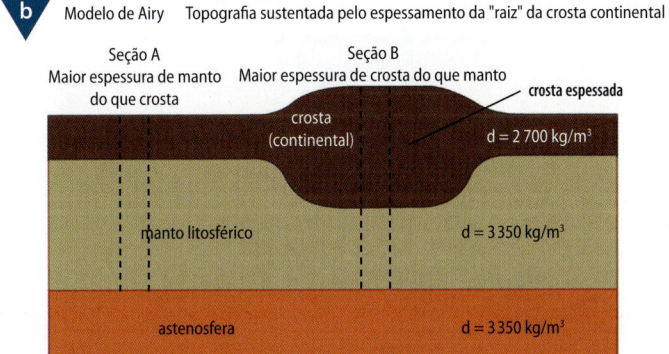

▲ **Figura 5.3** – Modelos para isostasia. (a) Modelo de Pratt: considera um espessamento do manto na parte central do modelo. (b) Modelo de Airy: considera o espessamento da crosta continental na parte central do modelo.

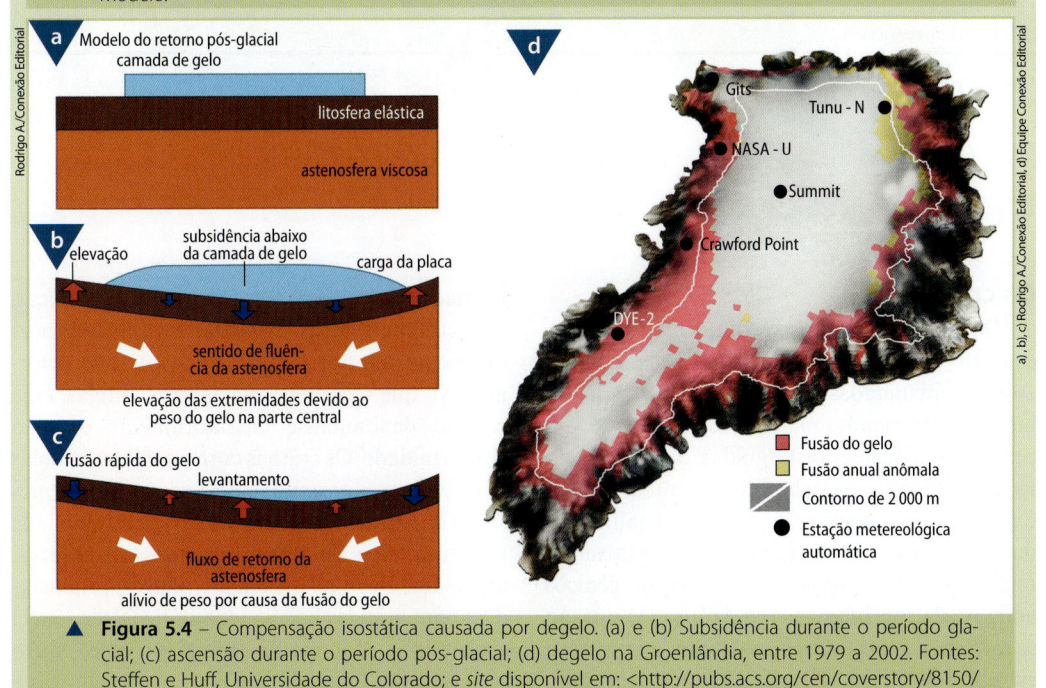

▲ **Figura 5.4** – Compensação isostática causada por degelo. (a) e (b) Subsidência durante o período glacial; (c) ascensão durante o período pós-glacial; (d) degelo na Groenlândia, entre 1979 a 2002. Fontes: Steffen e Huff, Universidade do Colorado; e *site* disponível em: <http://pubs.acs.org/cen/coverstory/8150/print/8150climatechange.html>. Acesso em: 19 jul. 2019.

TECTÔNICA DE PLACAS **83**

Fisiograficamente, as áreas continentais diferem significativamente das áreas oceânicas, principalmente por suas características geológicas contrastantes. Enquanto no fundo oceânico as rochas mais antigas possuem idades inferiores a 200 milhões de anos, nos continentes essas idades alcançam cerca de 4 bilhões de anos. Essa diferença se traduz pelo desenvolvimento sucessivo de inúmeros ciclos geológicos (magmáticos, metamórficos, tectônicos e intempéricos) nas áreas continentais, que não ocorrem nos oceanos. Além disso, há diferenças significativas entre as densidades das rochas que compõem as duas áreas.

Os continentes

Ao se observar os aspectos fisiográficos em um atlas ou mapa-múndi, nota-se que quase todos os continentes são formados por grandes áreas centrais relativamente pouco elevadas, circundadas por zonas mais montanhosas e/ou planícies costeiras (**Figura 5.5**). Ao contrário das áreas oceânicas, a configuração das áreas continentais é fortemente controlada pela natureza do intemperismo, processo que atua na modelagem das formas de relevo e é o resultado da combinação entre a composição das rochas e as condições climáticas que caracterizam cada região.

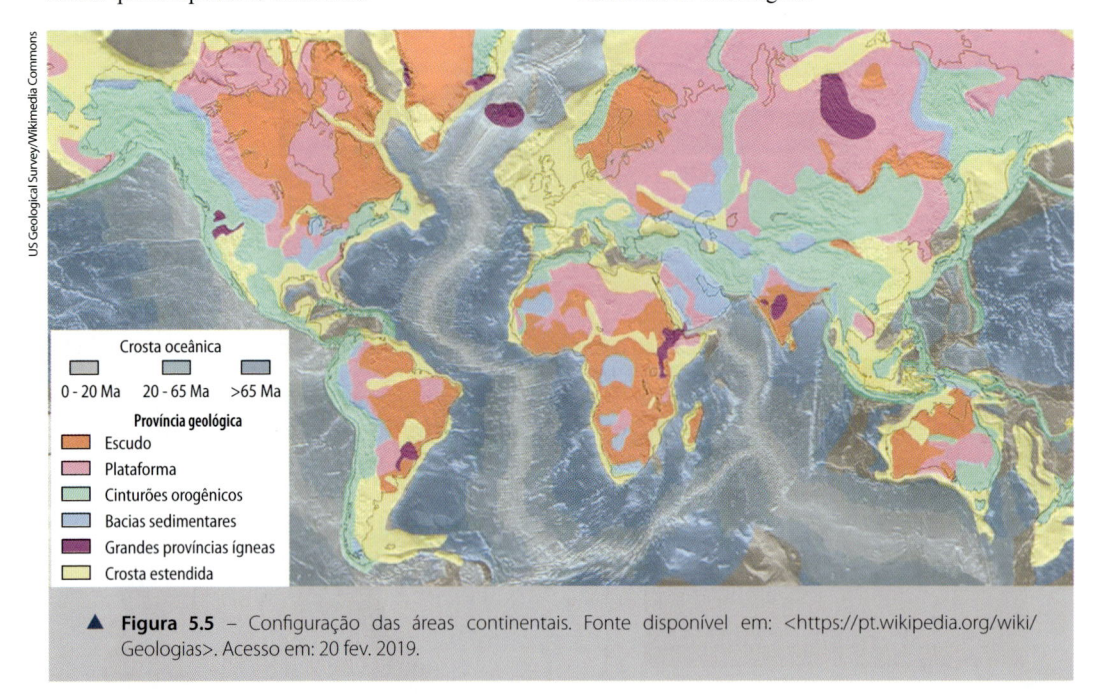

▲ **Figura 5.5** – Configuração das áreas continentais. Fonte disponível em: <https://pt.wikipedia.org/wiki/Geologias>. Acesso em: 20 fev. 2019.

Os crátons

Os crátons são áreas continentais tectonicamente estáveis, constituídas de rochas muito antigas, circundadas por faixas de rochas metamórficas deformadas mais novas. Duas unidades principais podem ser distinguidas: o embasamento (ou escudo) e sua cobertura. O embasamento é formado por núcleos de rochas cristalinas de naturezas ígnea e/ou metamórfica e por faixas de rochas dobradas formadas em ciclos orogênicos antigos (Paleoproterozoico e Arqueano) que, ao se tornarem áreas estáveis, passaram a integrar a estrutura do cráton. Essas rochas ocorrem como estratos inclinados e deformados. A cobertura é formada por rochas sedimentares e vulcânicas, em geral mais novas, dispostas em camadas normalmente sub-horizontais (pouco ou não deformadas), que recobrem rochas mais antigas, cuja relação denomina-se inconformidade ou não conformidade. Os crátons correspondem às áreas mais estáveis dos continentes, por causa da presença de segmentos crustais de longa estabilidade tectônica, além de outras características: grande extensão, relevo relativamente pouco pronunciado e com grandes baixos topográficos, tendência ascensional ao longo do tempo geológico, fluxo térmico mais baixo do que nas áreas oceânicas e nas cadeias modernas etc.

As bacias interiores

Constituem-se em vastas regiões cobertas por rochas sedimentares, de idade fanerozoica, depositadas diretamente sobre porções ligeiramente deprimidas das áreas cratônicas, sendo, por isso, também denominadas bacias intracratônicas. Essas bacias possuem extensões da ordem de centenas a milhares de quilômetros. A Bacia do Paraná, por exemplo, ocupa uma área de cerca de 1,5 milhão de km². Em geral, as camadas sedimentares são sub-horizontais e possuem características de ambientes de deposição bastante distintos, desde marinhos, por causa das invasões eventuais e/ou periódicas por antigos mares, até continentais, cujos sedimentos são provenientes das partes mais elevadas. Uma feição comum nessas bacias – no seu interior e nas bordas – é a presença de porções elevadas e alongadas, que promovem em geral o arqueamento das camadas, denominadas domos ou altos estruturais e arcos. Essas feições estruturais são relacionadas provavelmente a movimentos dominantemente verticais, chamados epirogenéticos. Essas estruturas, como o Arco de Ponta Grossa, localizado na borda leste da Bacia do Paraná, são associadas com magmatismo proveniente de regiões profundas da crosta, inclusive do manto, a exemplo dos enxames de diques básicos lá encontrados.

Os cinturões de montanhas ou orogênicos ou de dobramentos

Ao redor das áreas cratônicas ocorrem frequentemente cinturões de montanhas (cinturões orogênicos ou faixas de dobramentos), formados por rochas metamórficas intensamente deformadas e rochas ígneas. Esses cinturões resultam da colisão entre placas litosféricas, em zonas de convergência, onde as grandes altitudes estão relacionadas ao encurtamento e ao espessamento localizados da crosta. A convergência entre as placas está relacionada com o deslocamento horizontal entre elas. A compressão resultante na zona de colisão faz com que as rochas tenham sua espessura aumentada ao longo da direção de menor resistência (no caso, vertical). Como consequência, formam-se dobras e falhas inversas (ou de empurrão) que promovem a sobreposição de lascas ou fatias de rochas. Um grande volume de magma é normalmente produzido nessas zonas, causando adição de volume à crosta e diminuição de sua densidade. O resultado do espessamento crustal e da redução na densidade gera ajuste isostático, que causa o soerguimento da crosta e explica a topografia acentuada.

Os oceanos

Por causa da cobertura permanente por uma espessa lâmina de água, a maior parte do conhecimento sobre a topografia do fundo oceânico advém de métodos de estudo indiretos, como perfil sísmico, ecobatimetria, sonar e sensoriamento remoto. Por meio desses estudos e de acordo com suas características topográficas, o fundo oceânico pode ser dividido em três províncias fisiográficas distintas: margem continental, bacia oceânica profunda e cadeia oceânica (**Figura 5.6**).

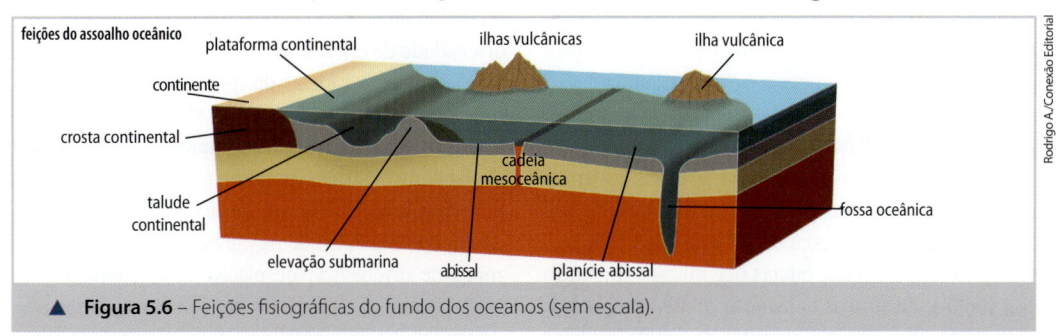

▲ **Figura 5.6** – Feições fisiográficas do fundo dos oceanos (sem escala).

As margens continentais

As margens continentais correspondem às faixas de larguras variáveis que circundam as bordas dos continentes. Embora sejam consideradas geologicamente como áreas continentais, serão aqui associadas às áreas oceânicas por estarem cobertas de água. As margens continentais englobam tanto regiões mais próximas, suavemente inclinadas, denominadas plataformas continentais, como áreas mais afastadas, com declividades mais altas, denominadas taludes. As plataformas continentais têm profundidades que variam comumente de 20 a 200 m e são caracterizadas por espessos pacotes de sedimentos provenientes da erosão dos continentes e transportados pelos rios e pelo vento. Na borda das plataformas continentais, conhecida como "quebra da plataforma", marcada pela presença de rampas com inclinações mais acentuadas, iniciam-se os taludes continentais que, a seguir, passam para as porções mais profundas das bacias oceânicas. Nessas rampas há um grande acúmulo de sedimentos inconsolidados, que ficam sujeitos a movimentações por causa das constantes instabilidades na região, motivadas tanto pela chegada de nova carga de sedimentos como pela atividade sísmica, particularmente em margens convergentes de placas. Essa movimentação dos sedimentos no talude continental é responsável pela formação de correntes de alta velocidade – correntes de turbidez –, que possuem densidade maior do que o meio circundante e são consideradas um dos principais mecanismos de transporte de sedimentos para as regiões mais profundas das bacias oceânicas. As correntes de turbidez podem ser responsáveis pela escavação de cânions submarinos. Na base do talude continental aparece a elevação continental, que seria formada pelo acúmulo de sedimentos originários dos continentes (turbiditos).

Conforme o ambiente tectônico de ocorrência, dois tipos básicos de margens continentais são reconhecidos: as margens continentais ativas e as passivas. As primeiras coincidem com limites de placas e são divididas em convergentes (tipo Andina), transformantes (tipo Californiana) e de retroarco (tipo Mar do Japão). Em contraste, as últimas não coincidem com limites de placas nas quais estão inseridas, a exemplo das costas Leste da América do Sul e Oeste da África. Nesses casos, o limite das placas litosféricas (Sul-Americana e Africana) situa-se na Cadeia Mesoatlântica, com a margem continental sendo denominada o "tipo Atlântica".

As bacias oceânicas

Essas regiões correspondem a extensas áreas praticamente planas, com profundidades de até 5,5 km, que cobrem cerca de 30% da superfície terrestre. O substrato das bacias oceânicas é formado por rochas vulcânicas basálticas relativamente homogêneas, que são provenientes da crosta inferior ou do manto e chegam à superfície por meio de fissuras nas cadeias mesoceânicas. Incluídas nessa unidade encontram-se as planícies abissais, os platôs oceânicos, os sistemas de ilhas, os morros submarinos (*seamounts*) e as fossas oceânicas.

A planície abissal corresponde à parte plana mais profunda do fundo oceânico, que é coberta por uma espessa camada de sedimentos finos não deformados que mascaram a maior parte de suas eventuais feições topográficas. Associam-se a essas áreas mais profundas elevações relativamente extensas, de origem controvertida, denominadas platôs oceânicos. Outras feições marcantes do fundo oceânico são vulcões com caldeiras aproximadamente circulares e cujo topo pode estar abaixo (morros submarinos) ou acima (ilhas oceânicas) do nível do mar. Esses vulcões, gerados a partir de plumas mantélicas, ou de pontos quentes (*hot spots*), constituem muitas vezes um sistema de ilhas alinhadas, cujas idades são sucessivamente mais antigas à medida que as ilhas vulcânicas se encontram mais afastadas das referidas plumas ou pontos quentes. Essa variação de idades se deve ao contínuo deslocamento horizontal da litosfera oceânica acima, enquanto a fonte do magmatismo (plumas mantélicas e pontos quentes) permanece fixa, outros vulcões mais novos vão sendo formados (ver **Quadro 5.3**). Muitos atóis são formados a partir de recifes de corais desenvolvidos ao redor de morros submarinos que foram depois erodidos e aplainados. As maiores depressões do fundo oceânico possuem formas alongadas e são conhecidas como fossas oceânicas. A maior parte das fossas conhecidas é encontrada no Oceano Pacífico.

As cadeias oceânicas

Embora estejam situadas normalmente na parte central de bacias oceânicas profundas, essas feições merecem maior destaque por sua importância na produção de novos materiais rochosos da crosta, pela diversidade de estruturas encontradas e por constituírem as maiores cadeias de montanhas existentes na superfície terrestre (cerca de 40 000 km de extensão total). A maioria das cadeias oceânicas é composta por alinhamentos de duas montanhas paralelas, separadas por um vale central ou rifte de largura variável, formado em consequência de movimentos extensionais nas zonas de divergência de placas. Longitudinalmente, essas cadeias são divididas em inúmeros segmentos, separados lateralmente por falhas transformantes, que são as porções ativas de extensas zonas de fratura do fundo oceânico e, por vezes, atingem os continentes. Ao longo dos vales ou riftes ocorrem, com frequência, terremotos e erupções vulcânicas. Alguns vulcões atingem grandes altitudes e emergem acima da superfície oceânica como ilhas vulcânicas, como a Islândia, situada na Cadeia Mesoatlântica.

A Teoria da Tectônica de Placas

A Teoria da Tectônica de Placas constitui uma concepção revolucionária das geociências surgida após a segunda metade do século passado e provocou mudanças profundas na maneira como se passou a entender a Terra, inclusive as forças que a modificam. Alguns cientistas consideram essa mudança conceitual tão importante quanto as que ocorreram quando Darwin revolucionou a Biologia no século XIX ou quando Copérnico propôs que a Terra não era o centro do Universo, ainda no século XVI. Como essa e outras teorias científicas importantes, um período de tempo considerável foi necessário até que a nova ideia fosse completamente aceita.

A Deriva Continental e a Expansão do Fundo Oceânico

O princípio dessa revolução científica remonta ao ano de 1912, quando um cientista alemão chamado Alfred Wegener publicou o livro *A origem dos continentes e dos oceanos*, no qual propôs a teoria denominada Deriva Continental. Essa teoria sugeria a existência de um antigo supercontinente, chamado Pangea, que teria começado sua fragmentação há cerca de 200 milhões de anos para, em seguida, dar origem a continentes menores que se movimentaram horizontalmente até suas posições atuais. Na época, acreditava-se que a Terra se comportava como um corpo estático e os continentes eram fixos, tanto em forma como em posição. As ideias de Wegener causaram uma grande agitação na comunidade geológica, principalmente porque eram baseadas em evidências concretas (ver **Quadro 5.2**). Mesmo assim, elas foram inicialmente ignoradas e atraíram poucas críticas até 1924, quando seu livro foi traduzido para outras línguas. Desde então, até sua morte, em 1930, sua teoria foi violentamente contestada pela comunidade científica da época e, até a década de 1950, muito pouco tinha sido realmente esclarecido sobre a Deriva Continental.

Quadro 5.2 – Deriva Continental – As evidências de Wegener

Quando Alfred Wegener sugeriu, em 1912, que a posição dos continentes no globo não havia sido sempre como é atualmente, baseou-se em várias evidências de diversas naturezas, das quais as principais foram:

a) Ajuste da linha de costa dos continentes – Ao se colocar lado a lado a América do Sul e a África, os contornos das linhas de costa se ajustavam geometricamente. Apesar de argumentos contrários de que essas linhas teriam sido modificadas constantemente por processos erosivos, ajuste surpreendente foi obtido entre os contornos da plataforma continental (**Figura 5.7**).

b) Fósseis – Já na época de Wegener, muitos paleontólogos acreditavam em algum tipo de conexão anterior que explicasse a presença de fósseis idênticos em continentes hoje separados pelo Oceano Atlântico. Esse é o caso do *Mesosaurus*, um fóssil de réptil aquático cujos restos foram encontrados a Sudeste da América do Sul e ao Sul da África. A falta de fósseis desse animal, que supostamente não seria um bom nadador pela ausência em outros continentes, levou Wegener a acreditar que a América do Sul e a África deveriam estar unidas no passado. Outro elemento usado foram plantas do gênero *Glossopteris*, encontradas em rochas permocarboníferas da América do Sul, África do Sul, Austrália e Índia. A hipótese de que sementes dessas plantas tivessem cruzado oceanos, levadas pelo vento, foi descartada por seu grande tamanho. Portanto, a existência de *Glossopteris* em todos esses continentes meridionais, simultaneamente, constitui uma forte evidência de que eles estavam unidos (**Figura 5.8**).

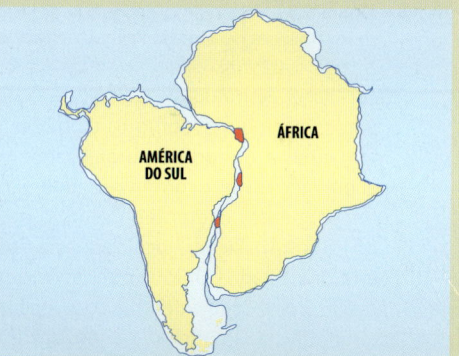

▲ **Figura 5.7** – Ajuste entre os contornos da plataforma continental da América do Sul e da África para profundidade de 500 m. Fonte disponível em: <https://paleoecologia.wixsite.com/xburgess/single-post/2015/06/09/As-estrelas-da-Deriva-Continental>. Acesso em: 5 ago. 2019.

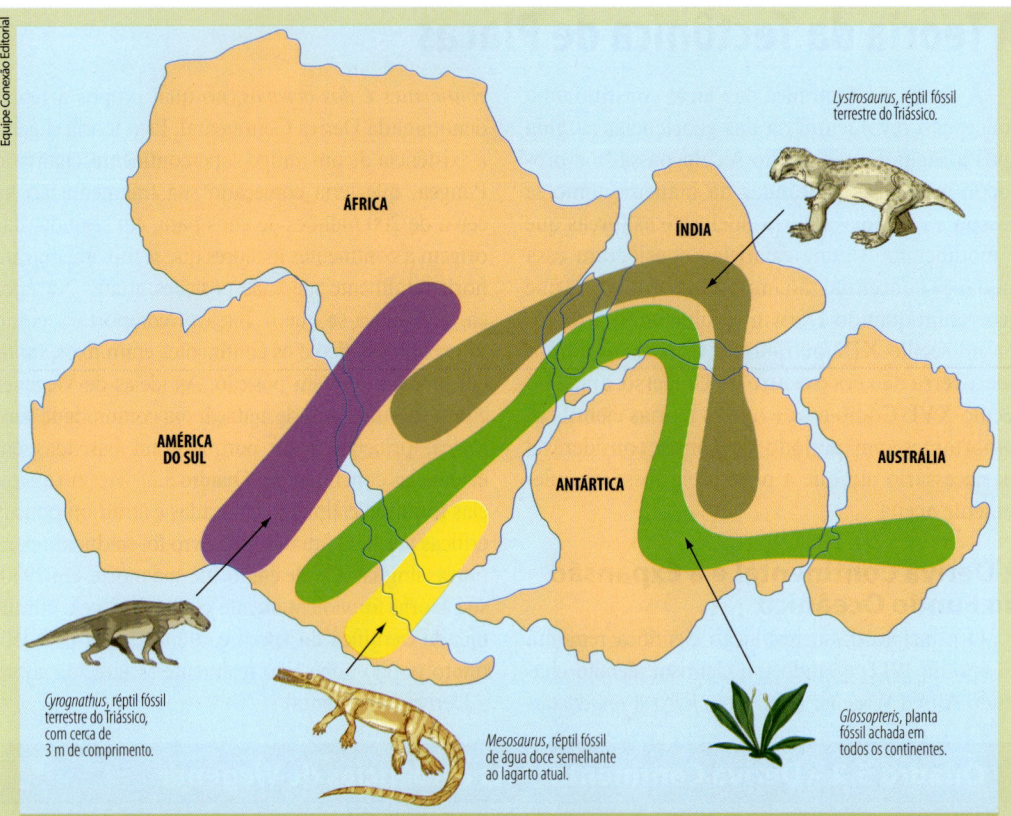

▲ **Figura 5.8** – Distribuição geográfica dos fósseis na parte sul do supercontinente Gondwana (há cerca de 250 milhões de anos no Período Permiano). Fonte disponível em: <https://paleoecologia.wixsite.com/xburgess/single-post/2015/06/09/As-estrelas-da-Deriva-Continental>. Acesso em: 5 ago. 2019.

c) Semelhanças estruturais e litológicas – Vários padrões geológicos, como os cinturões de montanhas e o modo de organização dos pacotes rochosos, ocorrem repetidamente em continentes diferentes. Exemplo desse fato são os Apalaches, localizados na Costa Leste dos Estados Unidos que, após desaparecer como que adentrando o oceano, ressurgem na Groenlândia e no Norte da Europa, sob a forma de montanhas com estruturas e idades semelhantes. Ao se colocar os dois continentes, um ao lado do outro, percebe-se que as duas cadeias de montanhas formam um cinturão quase contínuo. Além disso, no Noroeste da África e no Leste do Brasil foram encontradas rochas com idades de cerca de 550 milhões de anos associadas a outras datadas em mais de 2 bilhões de anos. Verifica-se também, nesse caso, que o alinhamento estrutural dessas rochas é contínuo de um e de outro lado dos dois países (**Figura 5.9**).

▲ **Figura 5.9** – Semelhanças estruturais e de idades entre as cadeias de montanhas dos Apalaches na Costa Leste dos EUA e os Caledonianos (ou Caledonides) na Noruega e Groenlândia: (a) situação atual; (b) situação anterior à Deriva Continental. Fonte: <www.calstatela.edu/faculty/acolvil/plates/appalachia_caledonia.jpg>.

d) Paleoclimas – Evidências baseadas em mudanças climáticas que teriam ocorrido, ao mesmo tempo, em continentes hoje distantes, foram também utilizadas por Wegener para reforçar a sua teoria. Depósitos sedimentares e feições típicas de geleiras, de idades entre 220 e 300 milhões de anos, foram encontradas na América do Sul, no Sul da África, na Índia e na Austrália, continentes situados atualmente numa faixa de 30º ao norte e ao sul do Equador e exibem climas subtropical a tropical. Uma explicação poderia ser a de que a Terra tivesse passado por um período extremamente frio, suficiente para produzir geleiras em regiões hoje tropicais. Entretanto, durante essa mesma época existiam, no atual Hemisfério Norte, extensos pântanos com grandes árvores típicas de ambientes tropicais, que não resistiriam a essas condições climáticas. Esses pântanos se transformaram, posteriormente, em gigantescos depósitos de carvão encontrados, hoje em dia, na Europa, nos Estados Unidos e na Sibéria, que apresentam climas temperados a frios. A explicação postulada por Wegener foi a de que os continentes com sedimentos glaciais talvez estivessem unidos e, em outra posição na superfície terrestre, por exemplo, próximos ao Polo Sul. As porções de terra, hoje ao Norte, estariam nas proximidades dos trópicos, o que explicaria as grandes jazidas de carvão (**Figura 5.10**).

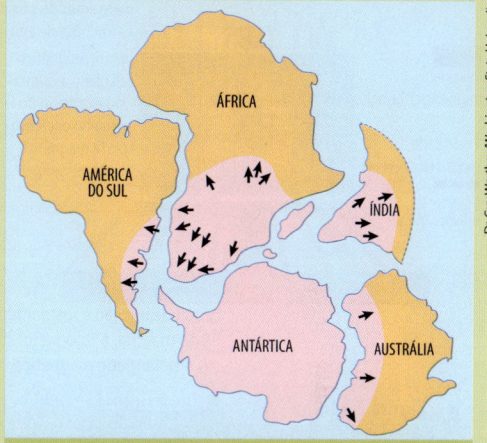

▲ **Figura 5.10** – Distribuição das geleiras. Fonte disponível em: <http://astro.wsu.edu/worthey/earth/html/im-geology/supercontinent-ice-flow.gif>. Acesso em: 19 jul. 2019.

Outra hipótese que influenciou o pensamento científico da época foi a da Expansão do Fundo Oceânico, proposta pelo professor Harry Hess na década de 1960. Hess participou da Marinha norte-americana durante a Segunda Guerra Mundial e, nos períodos entre as batalhas, fez estudos sobre a profundidade (estudos batimétricos) do fundo oceânico. Ele publicou suas teorias no livro intitulado *História das bacias oceânicas*, no qual propôs que, nas regiões das cristas oceânicas, materiais rochosos quentes do manto eram extravasados e resfriados para originar um novo fundo oceânico, que se tornava gradualmente mais antigo à medida que se afastava da crista. Como a superfície total da Terra permanece essencialmente constante, em algum local a litosfera deveria estar sendo consumida por reabsorção pelo manto.

Paleomagnetismo

Outro fato que renovou o interesse nessas teorias foi o surgimento do campo novo de estudos denominado de Paleomagnetismo. As pesquisas do campo magnético mostraram que a Terra funciona como um ímã, que possui os polos sul e norte, alinhados de modo aproximado aos polos geográficos (mais detalhes: ver paleomagnetismo, **Capítulo 4**).

Com o desenvolvimento tecnológico alcançado posteriormente tornou-se possível realizar um detalhado mapeamento do fundo oceânico. Descobriu-se então uma estreita relação entre as inversões magnéticas periódicas e a expansão do assoalho oceânico. Instrumentos muito sensíveis, denominados magnetômetros, foram colocados ao longo de seções transversais às cristas oceânicas e descobriu-se a existência de faixas alternadas de magnetismo normal (igual ao atual) e inverso (oposto ao atual), que eram aproximadamente paralelas à crista oceânica e dispostas simetricamente de um lado e de outra dela. A explicação para esse fato é que, à medida que novo material basáltico é adicionado ao fundo oceânico nas cristas, ele se torna magnetizado de acordo com a orientação do campo magnético terrestre da época. Como o novo material é adicionado, em proporções aproximadamente iguais de um lado e de outro da crista, tem-se então faixas de mesma largura e polaridade em ambos os lados, como na imagem refletida em um espelho (**Figuras 5.11a** e **b**). As idades das rochas do fundo oceânico e a movimentação das placas podem ser assim determinadas com base no padrão e no espaçamento dessas faixas magnéticas.

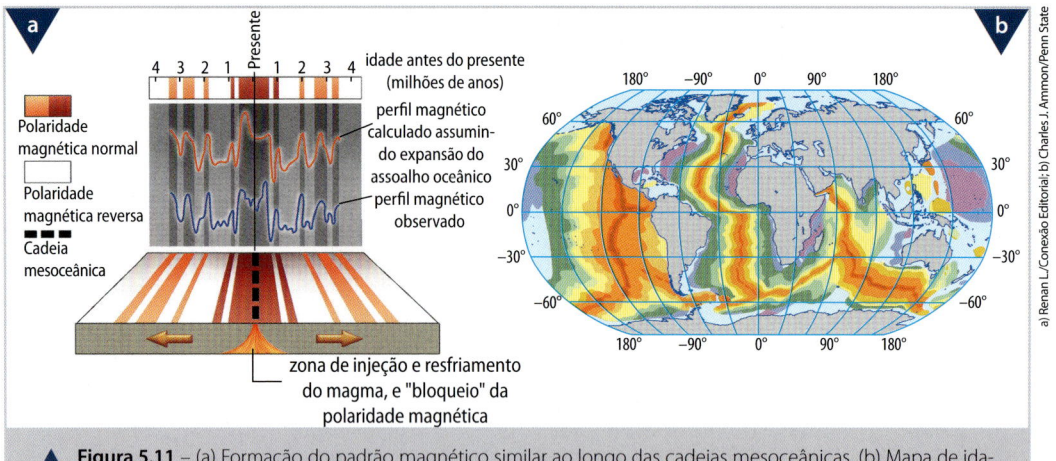

▲ **Figura 5.11** – (a) Formação do padrão magnético similar ao longo das cadeias mesoceânicas. (b) Mapa de idades das rochas do fundo oceânico. As cores do fundo oceânico representam as idades diferentes do mesmo. As rochas mais jovens situam-se próximas às cadeias mesoceânicas (em laranja no mapa) e vão ficando mais antigas à medida que se afastam delas em direção aos continentes. Fontes disponíveis em: <http://eqseis.geosc.psu.edu/~cammon/HTML/Classes/IntroQuakes/Notes/Images_specific/ocean_age.gif>. Acesso em: 19 jul. 20019.

Surgimento da Tectônica de Placas

Em 1968, os conceitos da Deriva Continental e da Expansão do Fundo Oceânico, com base nas evidências paleomagnéticas, foram agrupados em uma teoria muito mais abrangente, denominada Tectônica de Placas. Segundo essa teoria, a camada mais externa da Terra, denominada litosfera, é formada por cerca de 20 segmentos individuais, denominados placas litosféricas (**Figura 5.12**). Essas placas "navegam", com diferentes velocidades e sentidos, sobre material rochoso fluido que constitui a astenosfera (ver **Quadro 5.3**), de modo análogo a fragmentos de isopor que flutuam na água. Nas bacias oceânicas, as placas litosféricas são mais delgadas (5 a 10 km nas cristas oceânicas e até 100 km nas bacias profundas), enquanto sob os continentes podem atingir espessuras de 250 km.

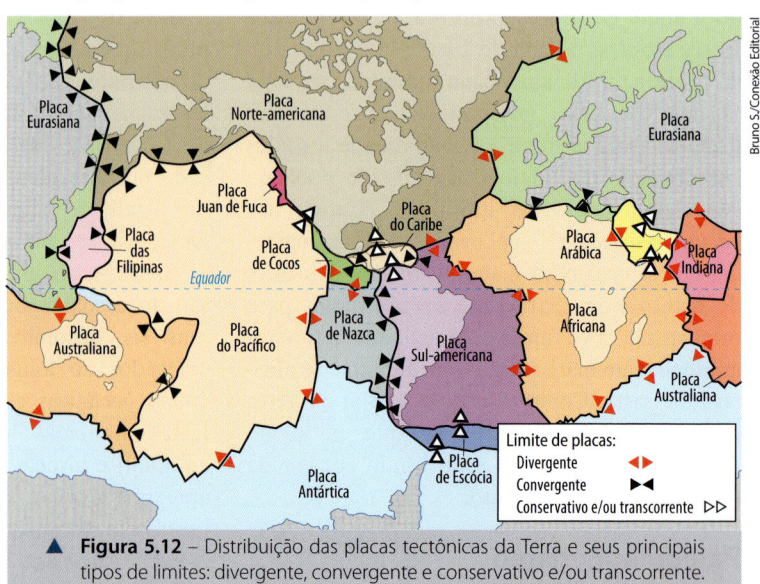

▲ **Figura 5.12** – Distribuição das placas tectônicas da Terra e seus principais tipos de limites: divergente, convergente e conservativo e/ou transcorrente. Fonte disponível em: <http://geology.com/plate-tectonics.shtml>. Acesso em: 19 jul. 2019.

Quadro 5.3 – Pontos quentes (*hot spots*) e velocidade das placas

As placas litosféricas se comportam de maneira aproximadamente rígida, isto é, se tomar dois pontos quaisquer sobre a mesma placa, a distância entre eles pouco ou nada se modifica com o tempo. Porém, se os pontos estiverem situados em placas diferentes, observa-se que a distância muda continuamente, cerca de 2 a 19 cm/ano (**Figura 5.13**). Além disso, cada placa se movimenta em sentidos distintos, aproximando-se ou afastando-se uma das outras, dando origem aos diversos tipos de interações entre elas. Mas como se determina a velocidade e o sentido de movimentação das placas?

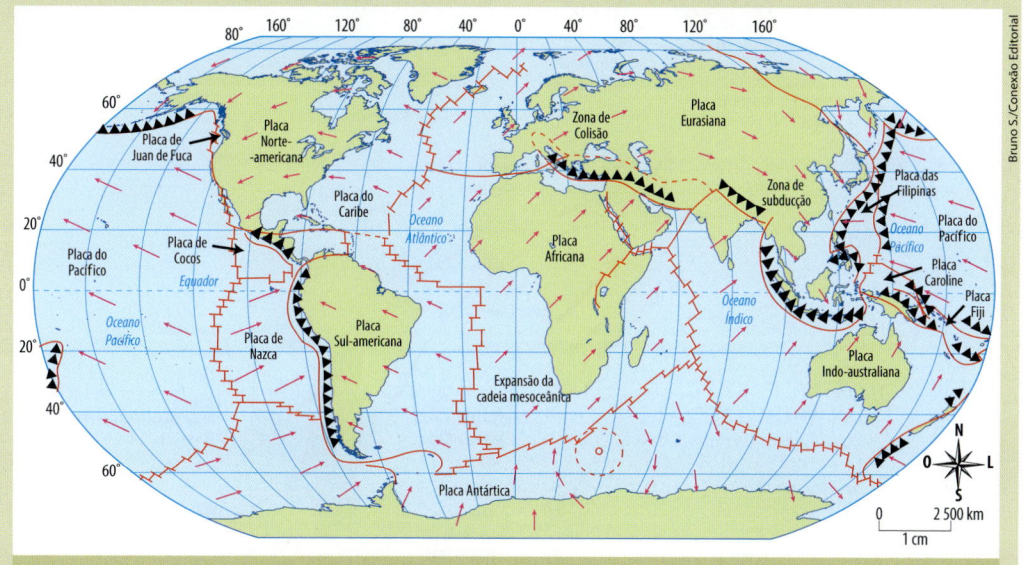

▲ **Figura 5.13** – Velocidades e sentido de movimentação das placas tectônicas. Fonte: <http://piru.alexandria.ucsb.edu/collections/geosystems/>. As setas vermelhas indicam o sentido de movimento das placas e o tamanho delas relaciona-se com a magnitude das velocidades relativas das mesmas placas, medidas em cm/ano. O vértice dos triângulos aponta para o sentido de subducção da litosfera oceânica ou de sentido de movimento da placa.

Embora a maior parte dos vulcões esteja localizada próxima às bordas das placas, alguns ocorrem no seu interior. Esse fato sempre intrigou os cientistas que procuraram explicações para o fenômeno. Uma das hipóteses mais aceitas é a existência de plumas mantélicas, que são regiões termicamente anômalas situadas provavelmente no limite entre o manto e o núcleo externo, a cerca de 2 900 km de profundidade. Esses locais de aquecimento anômalo seriam os responsáveis pela geração de pontos quentes (*hot spots*), acima dos quais os vulcões seriam formados pela ascensão de material fundido. Admite-se que a posição das plumas no manto seja aproximadamente fixa e, à medida que as placas litosféricas se movem sobre elas, um novo vulcão é criado no local imediatamente acima do ponto quente. Como resultado, forma-se um alinhamento de edifícios vulcânicos gradualmente mais novos, cuja orientação indica a direção e o sentido de movimentação da placa. Se a idade das rochas vulcânicas e a distância entre os vulcões forem conhecidas, a velocidade absoluta da placa pode ser calculada. Um dos exemplos mais conhecidos de formação de vulcões por pontos quentes é o do Havaí, arquipélago, situado no Oceano Pacífico, formado por cinco ilhas principais orientadas na direção NW-SE (**Figura 5.14**).

Alguns autores consideram os pontos quentes como responsáveis pelo desenvolvimento inicial dos riftes e pela fragmentação de continentes e supercontinentes como o Pangea e Gondwana (**Figura 5.15**). Por exemplo, em certas regiões de rifteamento atual, como na parte oriental da África, foi notada a existência de domos ao longo do eixo principal do vale de rifte, que sugere um entumescimento causado provavelmente pela ascensão localizada de plumas mantélicas. A formação desses domos térmicos, nas áreas acima dos pontos quentes, seria responsável pelo enfraquecimento local da crosta e o consequente rifteamento do continente. O modelo de ruptura mais aceito é o que envolve um sistema de três fraturas formando um ângulo de 120° entre si, sendo conhecido como junção tríplice ou ponto tríplice. Como os riftes continentais são considerados estágios iniciais na formação das bacias oceânicas, em geral dois desses riftes evoluem até a formação de um oceano e margens cotinentais passivas, enquanto a evolução do terceiro rifte é interrompida (abortada), provavelmente pela competição entre os movimentos dos três blocos. A subsidência e o preenchimento desse terceiro rifte geram bacias alongadas denominadas aulacógenos. Na América do Sul, a Bacia do Recôncavo corresponde provavelmente a uma estrutura desse tipo, ou seja, um "braço" abortado do sistema de riftes que deu origem ao Oceano Atlântico Sul.

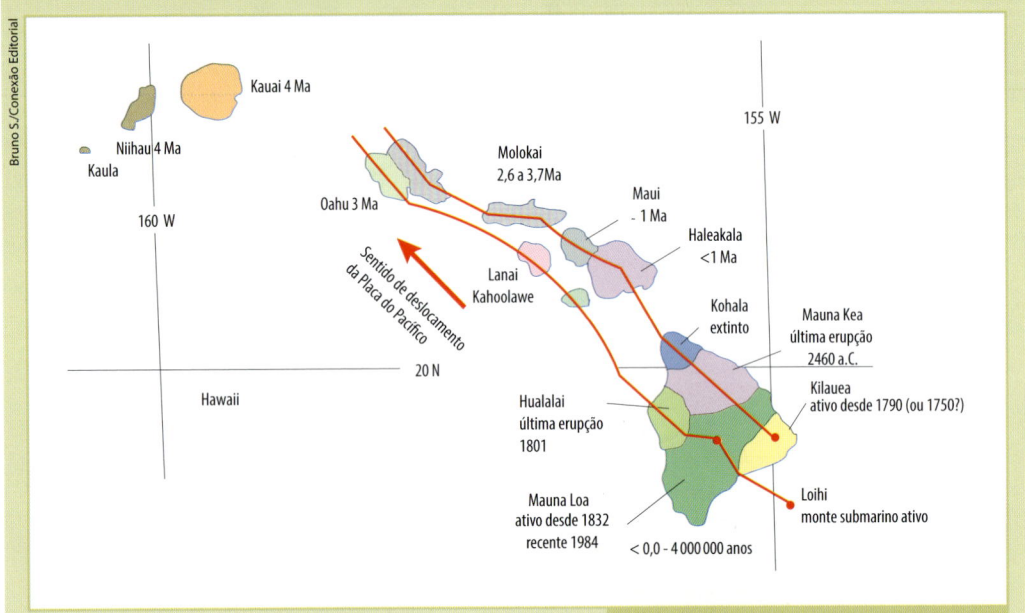

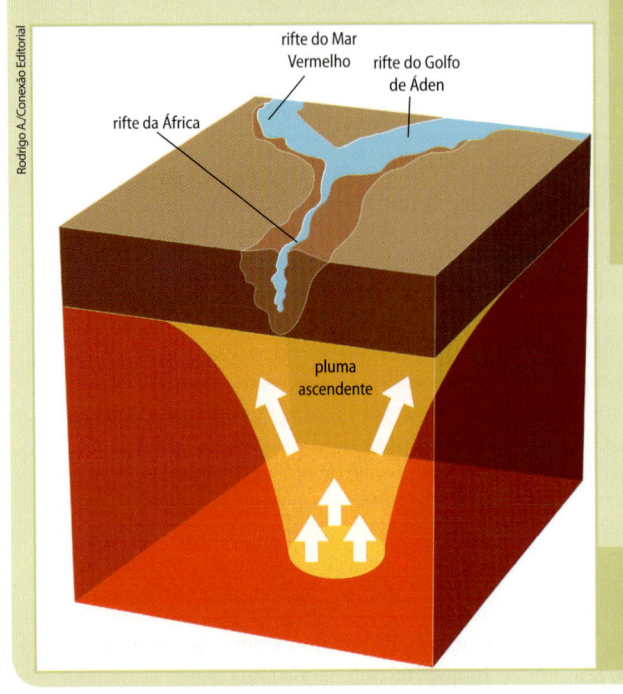

▲ **Figura 5.14** – Formação de ilhas vulcânicas relacionadas com pontos quentes (*hot spots*) no arquipélago do Havaí. Os números correspondem às idades radiométricas fornecidas pelas rochas vulcânicas das ilhas. A seta vermelha indica o sentido de movimento da placa. Fonte: <www.uwgb.edu/DutchS/graphic0/platetec/hawaii0.gif>.

◀ **Figura 5.15** – Visão em planta do desenvolvimento de junção tríplice e rifteamento. O exemplo do sistema de riftes do Leste da África.

Mecanismos de movimentação das placas

Um dos motivos que provocou a rejeição inicial das ideias de Wegener foi a ausência de um mecanismo capaz de explicar a movimentação das placas tectônicas. Desde então, várias hipóteses foram sugeridas para explicar como as placas se movimentam. A mais aceita delas foi apresentada por Arthur Holmes em 1928, que propôs a movimentação através do manto fluido por meio de correntes de convecção, analogamente ao que ocorre quando colocamos água para ferver em uma chaleira no fogo. Essas correntes seriam provocadas pela subida lenta de material quente e menos denso proveniente do manto nas regiões das cristas oceânicas (**Figura 5.16**). Nas proximidades da superfície, o material se espalharia lateralmente para transportar consigo a litosfera situada acima. Ao se afastar das regiões quentes das cristas, o material se resfriaria e se tornaria mais denso para voltar a constituir o manto, onde poderia ser reaquecido e levado novamente à superfície. Por ser bastante simples, essa hipótese tem sido muito utilizada, mas sabe-se atualmente que os processos que controlam o fluxo de material do manto são muito mais complexos do que esse modelo. As fontes de calor que geram as correntes de convecção são múltiplas e diferem tanto em intensidade como em profundidade e causariam as diferenças de velocidades entre as placas e os ambientes geodinâmicos que as caracterizam.

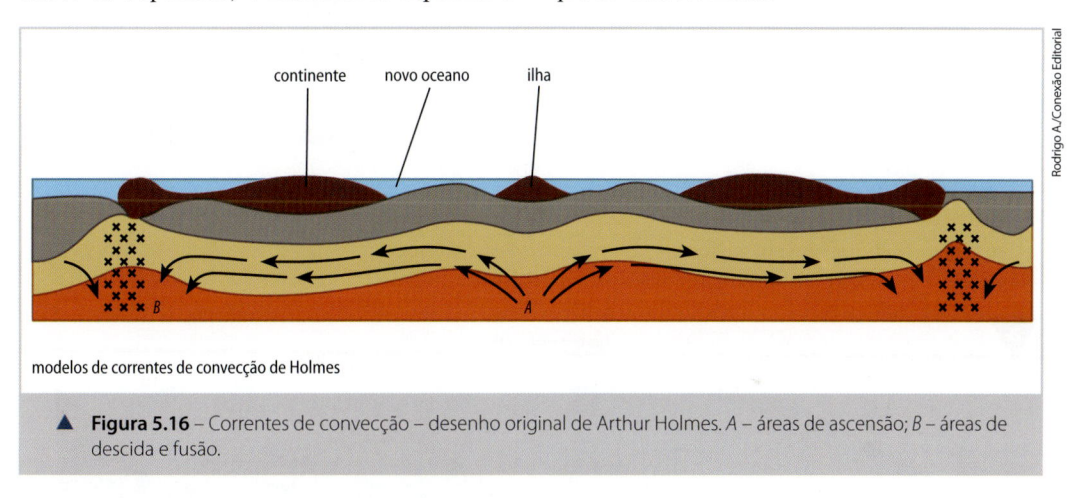

▲ **Figura 5.16** – Correntes de convecção – desenho original de Arthur Holmes. A – áreas de ascensão; B – áreas de descida e fusão.

Limites entre as placas

Como cada placa litosférica se comporta como um corpo independente, elas interagem ao longo de suas margens. Por isso, a maior parte dos terremotos, do vulcanismo e dos cinturões de montanhas situa-se nas regiões de limites entre essas placas. Existem três tipos básicos de limites, mas cada placa é geralmente delimitada por uma combinação entre eles (**Figura 5.17**).

Limites divergentes

Esses limites caracterizam-se pelo afastamento mútuo de placas, que propicia a ascensão de material do manto e a criação de novo fundo oceânico. Por isso são também chamados construtivos, pois ocorre adição de novo material à crosta. O melhor exemplo dessa situação são as cadeias mesoceânicas (**Figura 5.18**), onde, à medida que o magma vai se introduzindo ao longo da mesma, ele produz o afastamento de ambos os lados da cadeia em direção aos continentes antes de extravasar como lavas no assoalho oceânico. O contínuo resfriamento desse material, ao entrar em contato com a água do mar, produz novas rochas que vão constituir o fundo oceânico. Esse processo foi responsável pela geração do fundo do Oceano Atlântico, durante os últimos 165 milhões de anos.

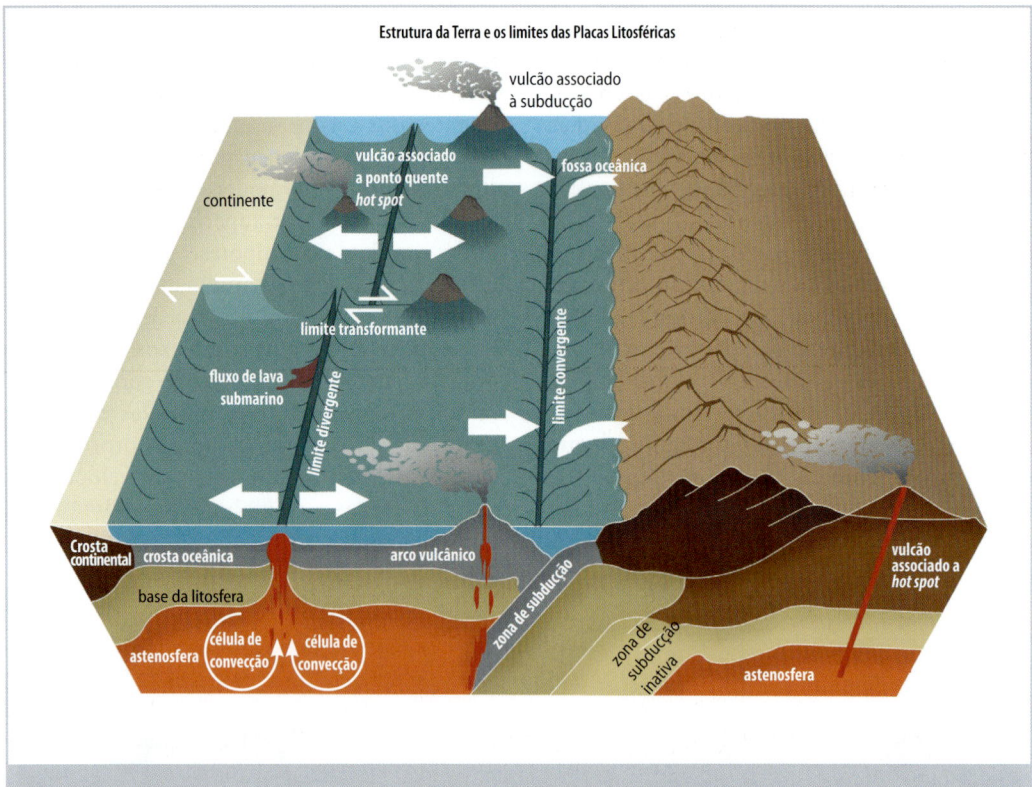

▲ **Figura 5.17** – Os três tipos de limites entre as placas, em uma só figura: convergente, divergente e conservativo.

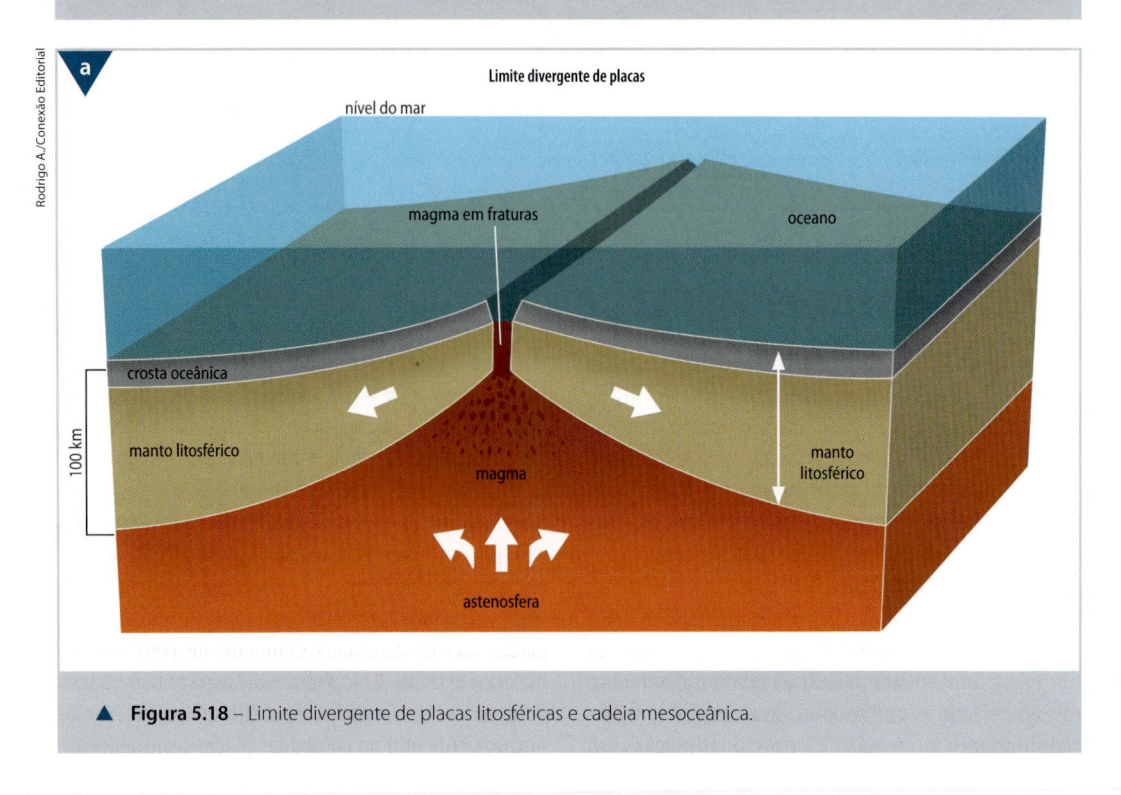

▲ **Figura 5.18** – Limite divergente de placas litosféricas e cadeia mesoceânica.

Como vimos no item sobre pontos quentes (*hot spots*), o início da fragmentação de um continente é deflagrado normalmente pela ascensão de uma pluma do manto ou de um ponto quente, que produz a ruptura da crosta continental. Isso promove o soerguimento da crosta diretamente acima do material ascendente e causa sua extensão e seu fraturamento. Com o afastamento gradual das fraturas, os fragmentos de blocos sofrem subsidência e originam vales falhados denominados riftes, que podem ser simétricos ou assimétricos dependendo dos níveis de similaridade entre as duas bordas. Os vales de rifte da Costa Leste da África representam os estágios iniciais de abertura de um continente e, se continuarem ativos, a porção leste da África poderá se separar do continente, tal como aconteceu com a Península Arábica há poucos milhões de anos. Se os vales formados forem suficientemente profundos e alcançarem o manto superior poderá ocorrer vulcanismo. Com a continuação do processo, o vale pode ser alargado e aprofundado e, eventualmente, sofrer invasão marinha e transformar-se em mar estreito e alongado (proto-oceano). Um exemplo atual é representado pelo Mar Vermelho, que está sendo gerado pela separação da Península Arábica da África e fornece aos geólogos uma ideia da evolução inicial do Oceano Atlântico, que representa o estágio mais avançado do processo (**Figura 5.19**).

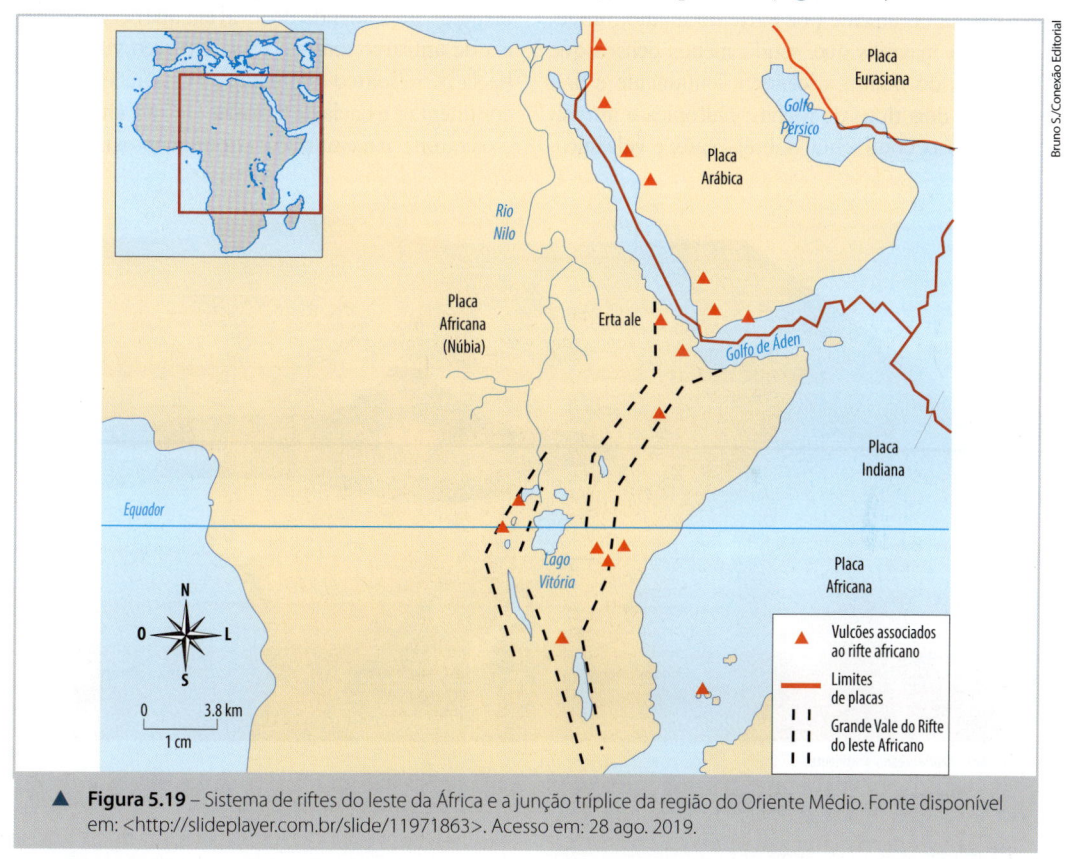

▲ **Figura 5.19** – Sistema de riftes do leste da África e a junção tríplice da região do Oriente Médio. Fonte disponível em: <http://slideplayer.com.br/slide/11971863>. Acesso em: 28 ago. 2019.

Limites convergentes

São regiões caracterizadas pela aproximação entre duas placas, que podem gerar dois tipos de cenário: no primeiro, uma delas "mergulha" por baixo da outra, em função das diferenças de densidade entre as duas placas, num processo denominado subducção; no segundo, quando há colisão de placas com densidades idênticas, pode haver colisão entre as duas placas. Por causa da reabsorção da litosfera pelo manto, esses limites são também chamados destrutivos. As características das zonas de convergência de placas são influenciadas grandemente pelo tipo de material envolvido. A convergência pode ocorrer entre duas placas oceânicas, entre uma placa oceânica e outra continental ou entre duas placas continentais.

Convergência entre placas oceânica e continental

Ocorre quando uma placa oceânica, mais densa, "mergulha" por debaixo de uma placa continental mais leve. Esse tipo de convergência, que inclui a subducção da litosfera oceânica, foi responsável pela formação de muitos cinturões orogênicos observados hoje nas áreas continentais (Figura 5.20). Durante o deslizamento para baixo da placa continental, a placa oceânica sofre arqueamento e produz uma fossa ou trincheira adjacente e paralela ao limite entre essas placas (zona de subducção). Ao atingir a profundidade de cerca de 100 km, a placa subductada, formada pela crosta oceânica e por parte do manto, funde-se e gera magmas que, sendo menos densos que as rochas do manto, ascendem lentamente e dão origem a dois tipos de rochas: plutônica e intrusiva, na crosta continental sobrejacente; e vulcânica, na parte que migra para a superfície e origina um arco magmático. As porções vulcânicas dos Andes foram formadas de maneira similar quando a Placa de Nazca sofreu subducção e fusão sob a Placa Sul-Americana e, portanto, esse tipo de subducção é também chamado "Tipo Andino". Várias estruturas estão relacionadas às zonas de subducção, como o prisma de acreção, formado na região próxima à fossa por sedimentos provenientes da placa submetida à subducção e/ou do cinturão orogênico. Muitas vezes, esforços extensionais, subordinados à compressão principal, ocorrem em regiões distintas da placa superior (cavalgante) e originam abatimentos e bacias, que recebem denominações distintas, dependendo do local em que ocorrem: bacia de antearco (entre a fossa e o arco vulcânico), bacia de retroarco (entre o arco vulcânico e a área continental) e bacia de antepaís (entre a área estável – o cráton – e o cinturão de dobramentos).

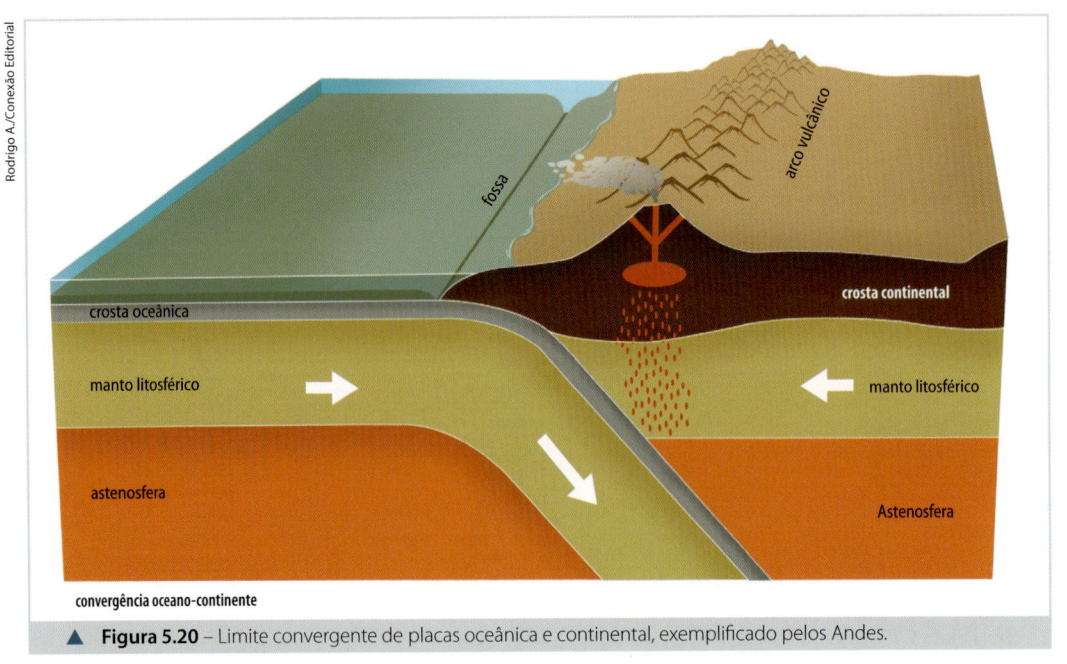

▲ **Figura 5.20** – Limite convergente de placas oceânica e continental, exemplificado pelos Andes.

Convergência entre placas oceânicas

Quando duas placas oceânicas convergem, a mais densa (normalmente mais antiga e mais fria) sofre subducção, de forma análoga à situação encontrada num limite de placas continentais e oceânicas. Porém, nesse caso, os vulcões se formam no fundo oceânico e geram cadeias de pequenas ilhas vulcânicas denominadas arcos de ilhas (Figura 5.21). Esse tipo de subducção é frequentemente chamado "Tipo Aleutiano", pois as Ilhas Aleutas, assim como as Marianas e Tonga, foram formadas dessa maneira. Assim como na subducção de placas continentais e oceânicas, o local da subducção é marcado pela presença de fossas oceânicas.

Figura 5.21 – Limite convergente oceano-oceano.

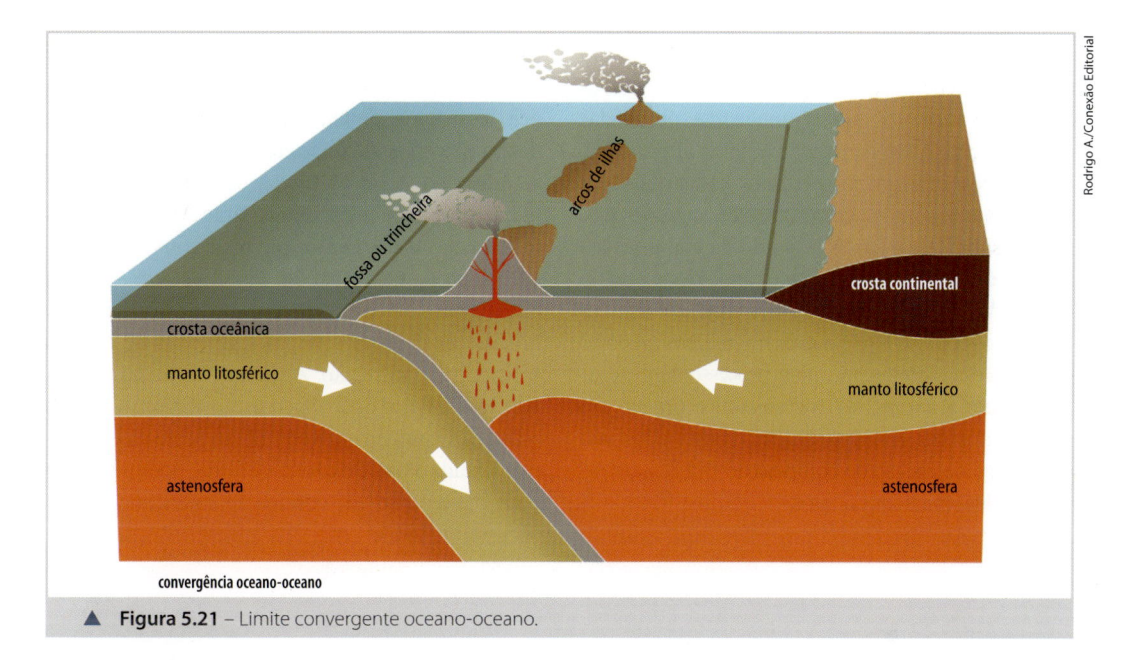

Convergência entre placas continentais

Quando duas placas continentais convergem, nenhuma delas sofre subducção, pois ambas têm densidades baixas, e resulta na colisão entre as referidas placas (**Figura 5.22**). Como consequência, há formação de zonas alongadas e paralelas, onde a crosta continental é intensamente deformada, e origina encurtamento e espessamento, materializados em gigantescos cinturões de montanhas. Um bom exemplo é a colisão da Placa Indiana com a Placa da Eurásia, que produziu uma das cadeias de montanhas mais espetaculares da Terra (Himalaia), onde estão as maiores elevações conhecidas sobre os continentes. Por este motivo, é também chamada "Tipo Himalaiano". Além do Himalaia, outras cadeias de montanhas – como os Alpes (na Europa), os Apalaches (nos Estados Unidos) e os Montes Urais (no Leste Europeu) – teriam sido formadas dessa maneira.

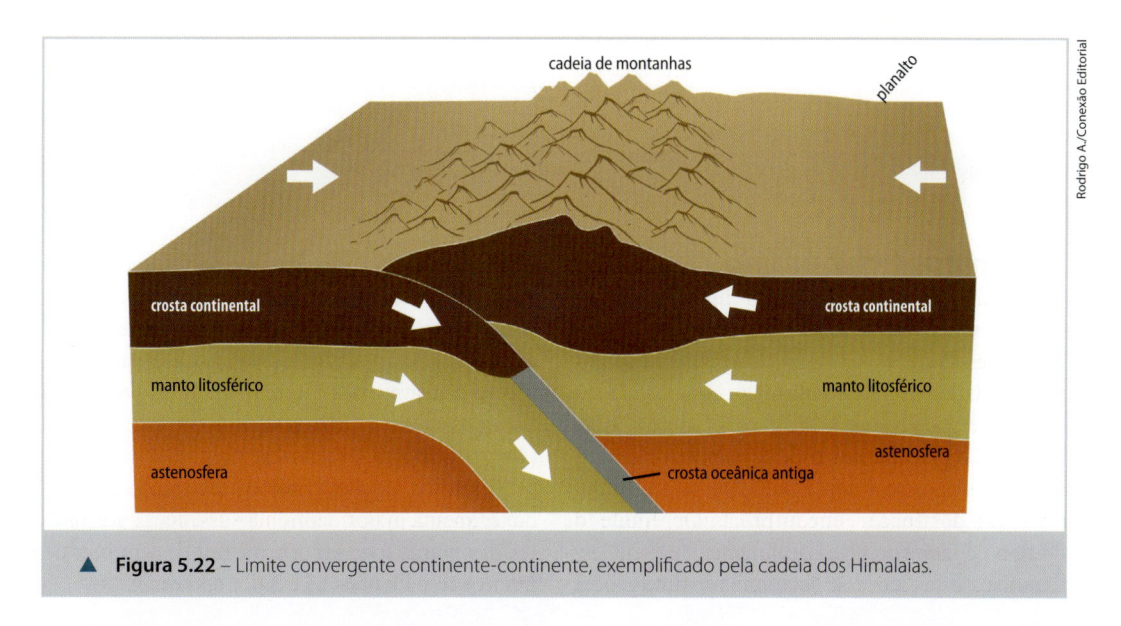

Figura 5.22 – Limite convergente continente-continente, exemplificado pela cadeia dos Himalaias.

Como os continentes envolvidos numa colisão estão geralmente separados por bacias oceânicas, as colisões continentais são normalmente precedidas de subducção. Além da massa continental principal, outros tipos de fragmentos crustais podem também ser envolvidos, como microcontinentes, arcos de ilhas, morros submarinos etc. A evolução da convergência faz com que a crosta que forma o fundo desse oceano seja gradualmente consumida por subducção e, então, blocos continentais e outros fragmentos menores colidem com o continente, num processo denominado colagem. Às vezes, restos desse antigo oceano são encontrados nas zonas de sutura, constituídos por sequências de rochas de composição máfica-ultramáfica denominadas ofiolitos.

Limites conservativos

Esse tipo de limite de placas é caracterizado pelo deslizamento lateral entre duas placas, sem destruição ou geração de crosta nova (**Figura 5.23**). A interação entre as placas ocorre por meio de falhas transformantes, que separam segmentos das cadeias oceânicas. O exemplo mais conhecido de limite conservativo atual é a Falha de San Andreas (Califórnia), que representa parte de um sistema de falhas, que conecta diversos segmentos de centros de expansão na região. Ao longo da Falha de San Andreas, a Placa do Pacífico se move rumo ao noroeste. Se esse movimento continuar, parte da Califórnia, situada a oeste da zona de falha, pode se tornar uma ilha separada do continente americano.

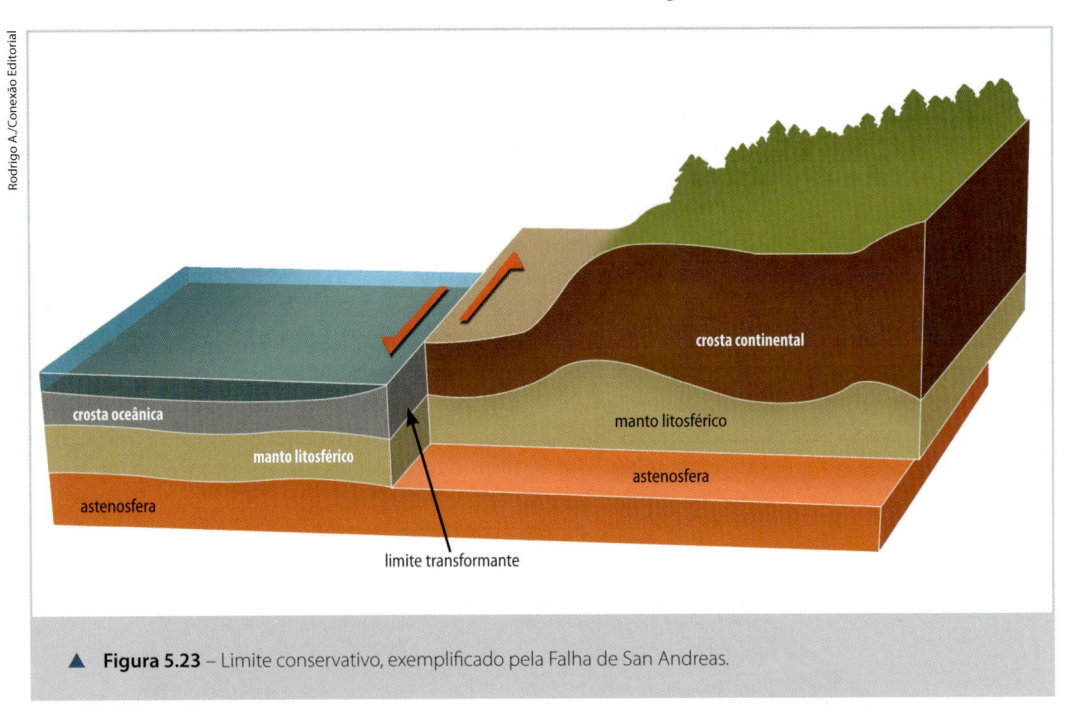

▲ **Figura 5.23** – Limite conservativo, exemplificado pela Falha de San Andreas.

Terremotos e vulcanismo

Os limites entre as placas litosféricas são regiões extremamente instáveis, por causa de suas interações. Por essa razão, há ocorrência de intensas atividades sísmica e vulcânica, como pode ser observado nas **Figuras 3.4** e **3.5** (ver **Capítulo 3**). A localização dos epicentros de terremotos e de atividades vulcânicas atuais auxilia, portanto, na demarcação dos limites entre as placas. Dependendo do tipo de limite de placas, diferentes tipos de terremotos são produzidos. Nas zonas de divergência de placas (zonas extensionais), os terremotos são normalmente rasos e restritos em posição às proximidades do eixo do rifte. Os limites convergentes, caracterizados por regiões sujeitas à compressão, são responsáveis pelos terremotos mais profundos e severos, como no caso do chamado Anel de Fogo (*Ring of Fire*) no Oceano Pacífico.

Tanto os vulcões como os terremotos, apesar de terem sua maior ocorrência associada aos limites das placas, podem ocorrer também no seu no interior (ver **Figuras 3.5** e **3.6, Capítulo 3**).

Períodos de aglutinação e separação dos continentes

Vimos neste capítulo que os continentes passam por mudanças contínuas ao longo do tempo, fato confirmado por inúmeras evidências: paleontológicas, paleomagnéticas, geocronológicas, tectônicas, petrológicas, paleoclimáticas, ajuste dos contornos de continentes etc. Essas evidências foram utilizadas desde Wegener (1912) como argumentos para a Teoria da Deriva Continental e mais recentemente para a Teoria da Tectônica de Placas. A Teoria da Tectônica de Placas é fundamentada principalmente na expansão do fundo oceânico e no "padrão zebrado" de anomalias magnéticas registradas em suas rochas basálticas.

A Teoria da Tectônica de Placas foi proposta no final da década de 1960 e tem sido considerada a teoria que mais revolucionou as geociências ao longo de todos os tempos. Essa nova concepção contribuiu para o maior avanço dos conhecimentos geológicos sobre nosso planeta e foi também a responsável pelo desenvolvimento de outros conceitos ou teorias, como o dos Supercontinentes e do Ciclo de Wilson, que explicam a evolução do planeta Terra com base em ciclos geológicos.

A origem desses ciclos é ainda muito controversa, mas tem sido atribuída às causas astronômicas, tanto pelos diferentes tipos de movimentos desenvolvidos pelo nosso planeta (rotação, translação, precessão etc.) como por sua relação com outros corpos celestes do Sistema Solar. Esses ciclos influenciam diretamente a superfície da Terra e possuem duração desde diária (como no caso das marés), passando pelos ciclos plurianuais (como no caso das manchas solares responsáveis por mudanças globais nas condições climáticas), até ciclos mais longos de dezenas a centenas de milhares de anos (como no caso das mudanças nas posições geográficas das calotas polares). Outros ciclos, com duração de centenas de milhões de anos, são responsáveis pela aglutinação e separação dos continentes, que são conhecidos como ciclos de formação dos supercontinentes, relacionados à Tectônica Global.

Ciclo de Wilson

O Ciclo de Wilson é uma denominação utilizada em homenagem ao geofísico canadense Tuzo Wilson, que foi um dos pioneiros na formulação da moderna Teoria da Tectônica de Placas e foi o primeiro a reconhecer a importância dessa teoria na formação dos continentes. O ciclo completo possui duração de cerca de 200 a 300 milhões de anos e inclui a abertura, o desenvolvimento e o fechamento de uma bacia oceânica pelos mecanismos postulados pela Tectônica de Placas. Durante esse período ocorre a geração de uma bacia oceânica a partir da ruptura de uma massa continental situada sobre um ponto quente (fase de rifteamento). A fase seguinte é caracterizada pela formação de pequenas bacias, inicialmente com substrato continental e depois oceânico, como a do atual Mar Vermelho (fase de proto-oceano). Essas bacias podem sofrer expansão continuamente até atingir as dimensões das grandes bacias oceânicas atuais – como a do Atlântico Sul. Os movimentos contrários de outras placas litosféricas podem interromper a expansão da bacia oceânica e ela passa então por uma outra fase, que é uma fase de fechamento. Essa nova fase, marcada pela aproximação das massas continentais por causa da subducção da crosta oceânica, é responsável pela geração de arcos de ilhas e/ou de cadeias de montanhas e culmina com o fechamento do oceano e encerramento do ciclo com a colisão das massas continentais.

Organização dos continentes através dos tempos

A configuração atual dos continentes é o resultado da fragmentação do último supercontinente (o Pangea, ou "terra total"), ocorrida há cerca de 200 milhões de anos, no final da Era Paleozoica, no Período Permiano.

A distribuição dos continentes do Pangea incluía uma grande massa continental no Hemisfério Sul, que deu origem ao Gondwana (com a África no centro, ladeada pela América do Sul, Índia, Antártica e Austrália) e outra grande massa continental no Hemisfério Norte, que viria a constituir a Laurásia (com América do Norte, Europa, Ásia, exceto a Índia, e a Groenlândia) (**Figura 5.24**). Entre essas duas massas continentais formou-se o Oceano Tethys, precursor do atual

Mar Mediterrâneo. Na passagem do Jurássico para o Cretáceo, por volta de 140 milhões de anos, teve início a abertura do Oceano Atlântico Sul, que continua até os dias de hoje (**Figura 5.24**). A fragmentação de um supercontinente leva à formação de massas continentais menores e de novos oceanos, que se expandem como o Oceano Atlântico atual, acompanhados por colisão dos continentes recém-formados e pela formação de cadeias de montanhas como o Himalaia. Os Andes representam uma cadeia de montanhas ainda em processo de subducção (convergência oceano-continente), conforme já apresentado neste capítulo (ver item sobre limites convergentes) e ilustrado na **Figura 5.20**.

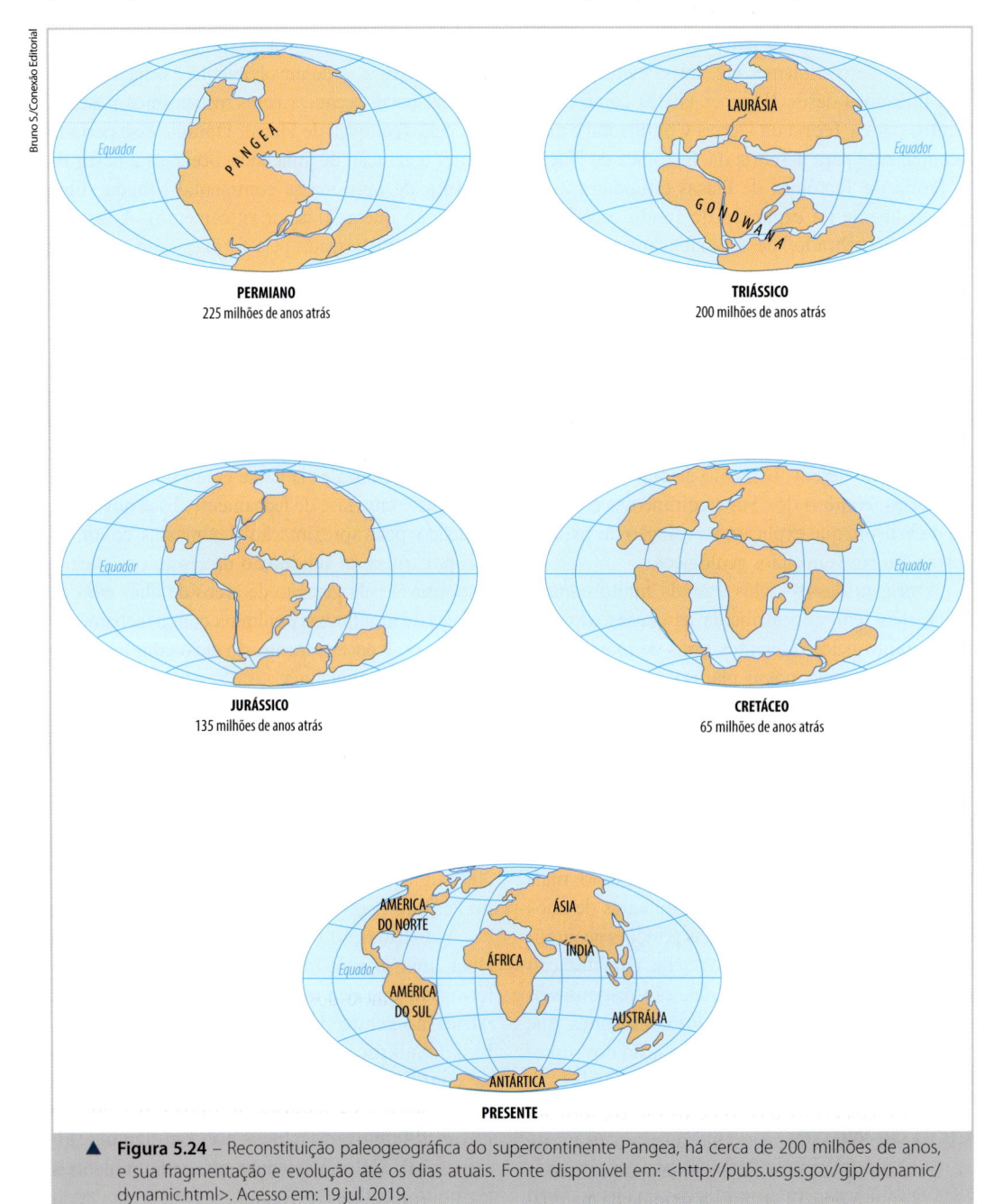

▲ **Figura 5.24** – Reconstituição paleogeográfica do supercontinente Pangea, há cerca de 200 milhões de anos, e sua fragmentação e evolução até os dias atuais. Fonte disponível em: <http://pubs.usgs.gov/gip/dynamic/dynamic.html>. Acesso em: 19 jul. 2019.

No passado geológico teriam ocorrido outros períodos de formação de supercontinentes, alguns deles ainda estão pouco documentados. À medida que recuamos no tempo, torna-se mais difícil sua reconstituição. A identificação das cadeias de montanhas e o registro dos antigos oceanos, de períodos correspondentes, requerem a obtenção de informações geológicas específicas, nem sempre disponíveis, sobretudo de natureza paleogeográfica, paleomagnética, geocronológica e tectônica. Atualmente são reconhecidas quatro fases principais de aglutinação dos continentes: Pangea (entre 340 e 230 Ma), Panótia (entre 800 e 500 Ma), Rodínia (entre 1300 e 1000 Ma) e Ur ou Kenorano (entre 2000 e 2500 Ma). A **Figura 5.25** mostra a reconstituição do supercontinente Rodínia, onde se observa a existência de uma grande massa continental, denominada Laurentia, circundada por massas continentais menores e por cinturões de dobramentos que resultaram da aglutinação de antigos continentes.

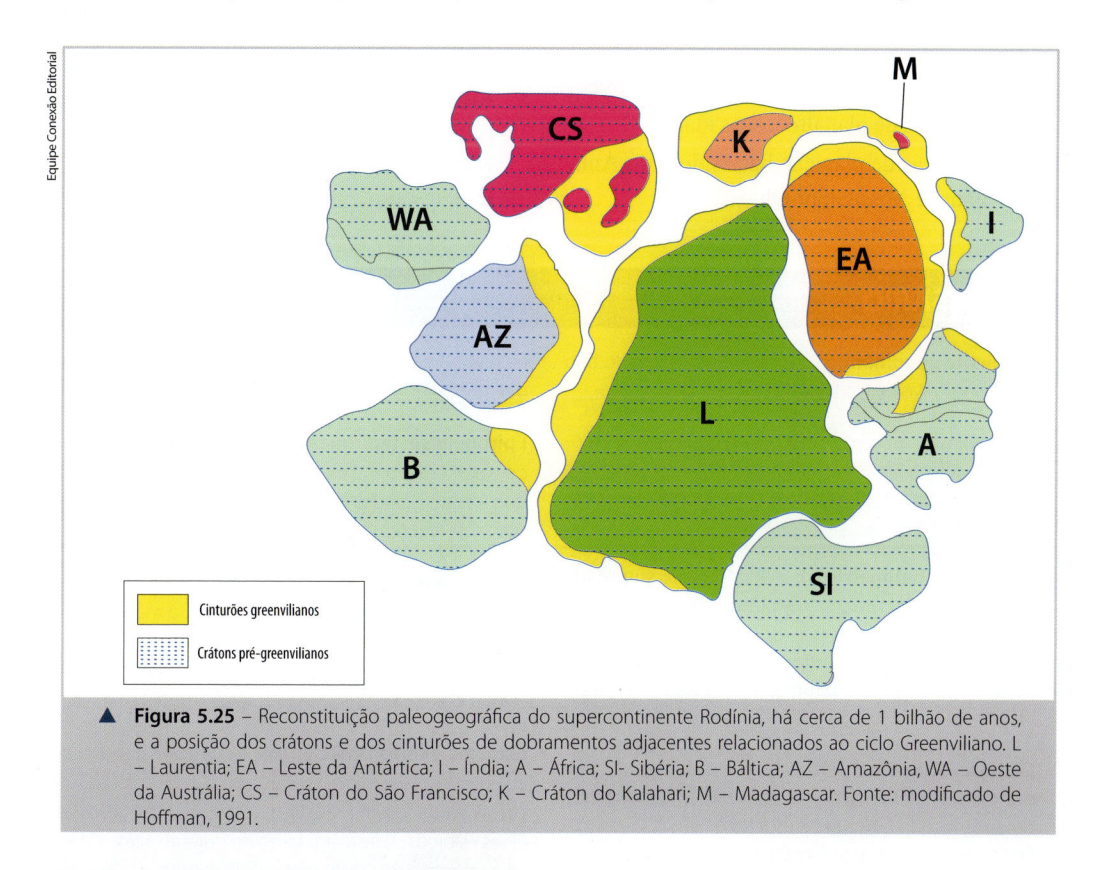

▲ **Figura 5.25** – Reconstituição paleogeográfica do supercontinente Rodínia, há cerca de 1 bilhão de anos, e a posição dos crátons e dos cinturões de dobramentos adjacentes relacionados ao ciclo Greenviliano. L – Laurentia; EA – Leste da Antártica; I – Índia; A – África; SI- Sibéria; B – Báltica; AZ – Amazônia, WA – Oeste da Austrália; CS – Cráton do São Francisco; K – Cráton do Kalahari; M – Madagascar. Fonte: modificado de Hoffman, 1991.

Revisão de conceitos

▸ **Isostasia**
1. Materiais necessários: recipiente com água e pedaços de madeira.
    a) O papel da erosão – Vários blocos de madeira, colocados uns sobre os outros, formam uma pilha de blocos que flutua no recipiente com água. A retirada contínua de um bloco após o outro é análoga à retirada de material por meio dos processos erosivos, que ocorrem continuamente na superfície da Terra.
    b) O papel da densidade – Colocam-se dois blocos de madeira de tipos e densidades diferentes no recepiente com água. A altura da porção emersa de cada bloco será função das densidades.

c) O papel da espessura – Dois blocos de madeira com mesma densidade, mas um deles com dobro de espessura do outro são colocados no recipiente com água. O bloco com maior espessura deverá afundar mais do que o de menor espessura.

▸ **Feições fisiográficas da América do Sul e da América do Norte**

2. Compare e interprete as razões das diferenças entre:
   a) As cadeias de montanhas: altitudes e larguras dos Andes e das montanhas rochosas.
   b) As áreas de planalto e suas idades.
   c) As áreas de planície: bacias dos rios Amazonas e Mississippi-Ohio.

Materiais necessários: mapa ou globo com relevo.

▸ **Feições fisiográficas do Oceano Atlântico**

3. Imagine que uma grande empresa de comunicação tem como objetivo passar dois cabos de fibras ópticas. Descreva e compare as principais feições do fundo oceânico atravessado pelos cabos:
   a) Entre Boston (EUA) e Dakar (Senegal).
   b) Entre Porto Alegre (Brasil) e a Cidade do Cabo (África do Sul).

Material necessário: mapa ou globo com relevo.

▸ **Limites de placas**

4. Recorte os continentes e depois faça a reconstituição do supercontinente Pangea.

Materiais necessários: cópia de mapa com relevo, tesoura.

GLOSSÁRIO

Ambiente geodinâmico: Ambiente definido pelo tipo de interação das placas litosféricas.

Antepaís: Porção do cráton (com embasamento ou cobertura) adjacente à faixa dobrada (ou móvel) para onde se dirige a tectônica (falhas inversas e dobras recumbentes) dessa última.

Batimetria (batimétricos): Medição da profundidade dos oce-nos e dos lagos. É expressa cartograficamente por curvas batimétricas que unem pontos da mesma profundidade com equidistâncias verticais, à semelhança das curvas de nível de um mapa topográfico das áreas continentais.

Cinturão orogênico: Segmento linear da crosta em escala continental formado pelo encurtamento crustal que possui um padrão estrutural (dobras e falhas), metamórfico e geocronológico (intervalo de idades característico).

Correntes de convecção: Mecanismo térmico que promove a transferência de matéria do manto em direção à base da crosta que, uma vez resfriada, aumenta de densidade e retorna ao manto com movimento em direções opostas, de forma semelhante ao que ocorre com a circulação da água quando aquecida em um recipiente. Esse mecanismo foi proposto no início do século passado pelo geólogo escocês Arthur Holmes.

Crátons: Regiões relativamente estáveis dos continentes, ou do interior da placa continental, constituídas de rochas mais antigas (pré-cambrianas), que são preservadas da atividade tectônica ocorrida nas margens da placa.

Epirogênese (epirogenético): Movimentos verticais geralmente lentos da crosta (para cima ou para baixo) que afetam grandes áreas. Esses movimentos são resultantes de acomodações isostáticas.

Equilíbrio isostático: Flutuação de massas continentais (para cima ou para baixo) sobre um manto mais pesado, motivada pela remoção ou adição de material na sua parte superior. Isso pode ocorrer por erosão ou degelo de calotas polares.

Esforços extensionais: Em escala global, são esforços em geral horizontais associados com a divergência de placas litosféricas na região das cadeias mesoceânicas. Esses esforços se instalam também durante a fase de levantamento das cadeias orogênicas, quando então ocorre seu colapso.

Expansão do assoalho oceânico: Crescimento do assoalho dos oceanos a partir das cadeias mesoceânicas por adição de material de origem mantélica. O mecanismo é semelhante ao movimento observado com duas esteiras rolantes que se afastam uma da outra.

Intracratônicas (bacias): Extensas bacias sedimentares com substrato cratônico, evoluídas sob condições de relativa estabilidade tectônica.

Isostasia: Fenômeno de flutuação das massas continentais em seu substrato de acordo com o princípio de Arquimedes. Esse princípio pode ser ilustrado com materiais de mesma densidade, porém com pesos diferentes, imersos em um líquido com viscosidade suficiente para mantê-los em flutuação.

Microcontinentes: São fragmentos ou blocos crustais menores que se destacaram das grandes placas litosféricas.

Planície abissal: Área dos fundos oceânicos de topografia suave e plana, com profundidade em geral superior a 4000 m.

Plataforma continental: Área submersa adjacente a um continente com profundidade entre 20 e 200 m.

Platôs oceânicos: São feições topográficas de topo plano, alongadas ou circulares, que emergem do fundo dos oceanos. A sua origem é controversa.

Retroarco: Região situada atrás do arco, ou seja, a região do lado do continente.

Talude continental: Porção dos fundos dos oceanos com declividade mais acentuada - em forma de degrau - que se situa entre a plataforma continental e a margem continental.

Trincheira ou fossa oceânica: Depressão topográfica alongada com fundo oceânico, adjacente ao continente, gerada pela subducção da placa oceânica por debaixo de uma placa continental ou de outra oceânica.

Zonas de sutura: Regiões da crosta contendo remanescentes de rochas denominadas ofiolitos que testemunha a exstência de um antigo oceano.

Referências bibliográficas

COX, A.; HART, R.B. *Plate Tectonics*: How It Works. Wiley-Blackwell Scientific Publications, 1991. 416 p.

FOWLER, C. M. R. *The Solid Earth*: An Introduction to Global Geophysics. Cambridge: University Press, 1990. 490 p.

HOFMANN, P. Did the Breakout of Laurentia Turn Gondwanaland Inside-Out? *Science, New Series*, Vol. 252, N° 5011, 1991, p. 1409-1412.

MOORES, E. M. *Shaping the Earth*: Tectonics of Continents and Oceans (Readings from Scientific American). Freeman & Company Publishers, 1990. 206 p.

PRESS, F. et al. *Para entender a Terra*. Tradução: R. Menegat, P.C.D. Fernandes, L.A.D. Fernandes, C.C. Porcher. Porto Alegre: Bookman, 2006. p. 47-76. 656 p.

TASSINARI, C. G.; DIAS NETO, C. M. Tectônica Global. In: TEIXEIRA, W. et al. (Orgs.). *Decifrando a Terra*, 2. ed. São Paulo: Cia. Editora Nacional, 2009. p. 78-107.

TURCOTTE, D. L.; SCHUBERT, G. *Geodynamics*. 2. ed. Cambridge: University Press, 2002., 528 p.

WYLLIE, P. J. *The Dynamic Earth*: Textbook in Geosciences. New York: John Wiley & Sons, Inc., 1971. 416 p.

Este livro foi impresso em papel couché fosco 90g
em novembro de 2019.